优质畜禽产品生产技术丛书

优质猪肉生产技术

赵月兰　主编

中国农业科学技术出版社

图书在版编目（CIP）数据

优质猪肉生产技术 / 赵月兰主编．—北京：中国农业科学技术出版社，2015．1

（优质畜禽产品生产技术丛书）

ISBN 978-7-5116-1928-0

Ⅰ．①优… Ⅱ．①赵… Ⅲ．①猪肉-食品加工 Ⅳ．①TS251．5

中国版本图书馆 CIP 数据核字（2014）第 283027 号

责任编辑 胡晓蕾
责任校对 贾晓红

出 版 者 中国农业科学技术出版社
北京市中关村南大街 12 号 邮编：100081
电　　话 (010)82109705(编辑室) (010)82109704(发行部)
(010)82109725(读者服务部)
传　　真 (010)82106625
网　　址 http://www.castp.cn
经 销 者 各地新华书店
印 刷 者 北京富泰印刷有限责任公司
开　　本 850mm×1 168mm 1/32
印　　张 8.625
字　　数 208 千字
版　　次 2015 年 1 月第 1 版 2015 年 1 月第 1 次印刷
定　　价 28.00 元

《优质猪肉生产技术》编委会

主　编　赵月兰

副主编　秦建华　马学会

编　者　（以作者姓名拼音排序）

白　云　常丽云　马可为　马学会

墨峰涛　秦建华　徐瑞涛　张梦茜

张振红　赵月兰

内容简介

本书介绍了肉猪健康养殖与优质猪肉生产技术，主要内容包括优质猪肉的概念及要求、猪肉质量安全控制、肉猪健康养殖技术、主要猪病防治技术、排泄物及废弃物无害化处理技术、养殖过程质量安全控制、猪的屠宰加工技术等。

本书内容丰富，技术先进，理论联系实际，可操作性强，通俗易懂。适合于肉猪养殖、生产加工人员及相关管理人员阅读，同时，还是基层兽医工作者、动物防疫与检疫、检测人员以及相关人员的业务参考书。

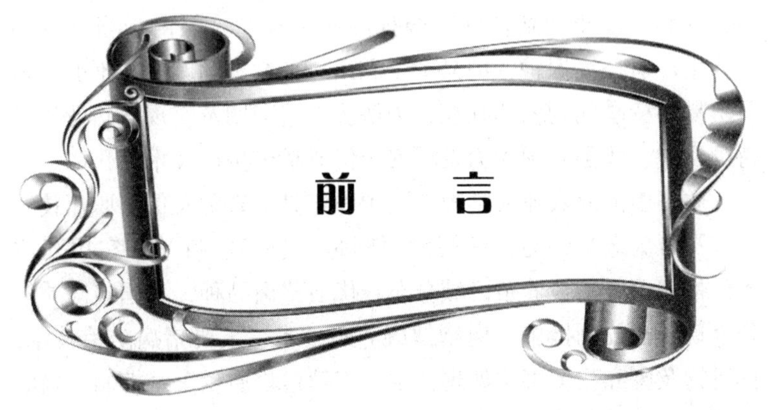

前　言

近几年来，我国畜牧业生产保持了持续快速的发展。随着畜牧业生产结构的调整，养猪业也保持了稳定的增长，养猪在我国国民经济中占有重要地位，是我国农村经济和畜牧业的一大支柱产业。随着养殖技术的不断提高及国际贸易的发展，我国养殖猪的种类在增多，总量在增加，先进养猪技术的运用也在逐渐发展。同时，养猪方式正由农户散养猪迅速向规模化、专业化养猪转变。规模不断扩大，集约化程度迅速提高，饲养管理方式由粗放型转向精细型，品种遗传性生产性能迅速提高，猪对营养需要、饲料质量、环境控制等要求也变得更加严格。

随着我国经济的发展，人们生活水平的提高，人们对猪肉产品的消费已从单纯对数量的需求转为对品质和安全的需求，我国养猪业开始进入发展安全猪肉或优质猪肉生产的新阶段，并提出了“优质猪肉”的两个基本概念，一是猪肉的品质要好，特别是肌肉的颜色、肌肉的嫩度、肌内脂肪的含量、肌纤维的粗细等要好；二是猪肉中各种有毒有害物质的残留，不允许存在或降低到一定限度，符合无公害猪肉的安全指标。现今的食品生产在追求安全和优质双重质量保证的同时，还要求环境与经济的双重效益，强调“从土地到餐桌”全程的质量控制。但由于当前我国养猪生产对环境保护、肉品安全和质量控制等问题重视不够，阻碍贸易的壁垒问题依然存在，为解决上述问题及实现养猪业的可持续发展，我国必须大力发展安全优质猪肉生产技术。

本书由河北农业大学教授、中青年骨干教师及保定职业技术学院马可为老师编写，编写的原则是“创新、科学和实用”主要包括我国养猪业养殖区域分布、优质猪肉品种、我国猪肉质量安全现状与控制措施、肉猪健康养殖技术、主要猪病防治技术、排泄物及废弃物无害化处理技术、养殖过程质量安全控制、猪的屠宰加工技术等。

本书内容丰富、翔实，新颖，理论联系实际，通俗易懂，可操作性强，适于广大养猪生产者、猪场技术人员、肉类联合加工场、屠宰厂、食品加工企业生产加工人员及相关管理人员阅读，同时，还是基层畜牧兽医工作者、动物防疫与检疫、检测人员以及相关人员的业务参考书。

本书编写过程中参阅了大量国内外专家、教授的著作和论文，在此特致谢意。

由于编者水平有限，书中难免有错误和不足之处，敬请读者指正。

编著者

2014 年 10 月 15 日

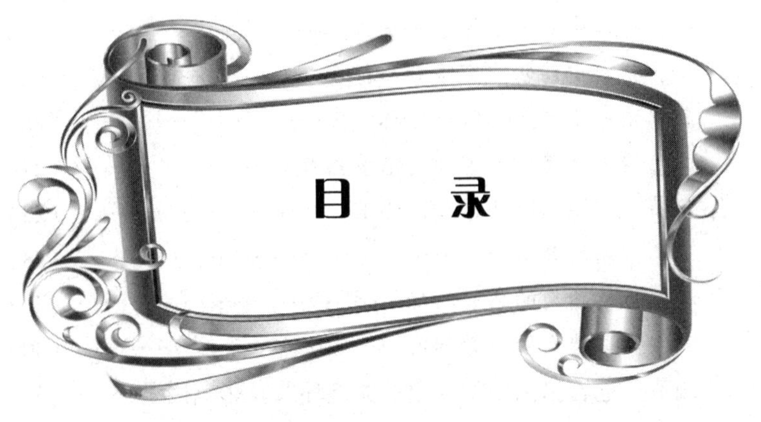
目 录

第一章 我国养猪业概况

第一节　我国养猪业养殖区域分布及品种

一、我国养猪业养殖区域分布

我国生猪生产主产区主要集中在四川盆地，黄淮流域玉米、小麦主产区和长江中下游水稻主产区等三大地区。

（一）四川盆地猪生产区

我国的生猪产业主产区之一位于四川盆地，即四川、重庆等地区。该地区优势主要在于：其一，四川盆地地处亚热带，气候湿润，降水充足，温度湿度适宜；其二，四川盆地人口众多，既是我国生猪主产区，也是主要的生猪消费区；其三，该区域深居内陆，群山环绕，外界疾病较难传入，是我国主要的无疫区之一；其四，该地区地形以丘陵平原为主，气候、水利灌溉条件较好，其玉米、薯类、水稻等粮食总产量高，青绿饲料资源丰富，各种饲料供应充足。以上的这些优势将四川盆地区域造就成了我国的生猪的主产区之一。该地的制约因素主要是深居内陆，交通不便，生猪输出成本高。同时，饲养管理水平不高，规模化程度较低也是主要的制约因素。

（二）黄淮流域玉米、小麦主产区猪生产区

我国生猪产业第二个主产区位于黄淮流域的玉米、小麦主产区一带，主要包括河南、河北、山东等省份。该地区的主要优势在于：其一，该地地处中原，交通便利，有利于生猪输出；其二，与四川盆地主产区一样，人口众多，既是我国生猪主产区也是主要消费区；其三，地形以平原为主，水利灌溉条件较好，玉米、小麦等粮食总产量高，饲料粮供应充足；其四，饲养管理水平较高，规模化程度高。该主产区的不利制约因素主要由于地处四季分明、气候变化大的温带区域，夏秋多雨闷热，冬春寒冷干燥，降水少，因此猪病较多；同时，便利的交通虽方便生猪运输，但同时也易传播疾病，猪只的发病率较高，疫病防控难度大。

（三）长江中下游水稻主产区猪生产区

我国生猪产业第三个主产区位于长江中下游水稻主产区，主要包括湖南、湖北、江苏、江西等省份。该地域的优势主要在于：其一，地处气候湿润、降水充足的亚热带，温度湿度适宜；其二，人口众多，既是我国生猪主产区，也是主要的猪肉消费区；其三，交通便利，距长三角、珠三角经济发达地区较近，有一定的地域交通优势；其四，该区域为我国主要水稻主产区，能提供丰富的青绿饲料资源；其四，长江中下游区域养猪业饲养管理水平相对较高，规模化程度高。但是，多数地区玉米、大豆等饲料原料供应不足，须从北方输入，增加成本，是一个很大的制约因素。另外，交通便利导致生猪运输活跃，疫病传播快，疾病多，难以控制。

二、国内外优秀肉猪品种

我国是世界第一猪种资源大国。目前世界上大部分猪品种的培育都曾经使用过我国的地方猪品种。目前我国饲养的肉猪品种主要分为三大类。第一类，称之为引进猪种，是近几十年来从国外引入我国的国外优秀猪种。第二类，称之为培育猪种，是近几十年来利用国外引进猪种和我国地方猪种进行杂交培育而成的。第三类，称之为地方猪种，是我国特有的本地猪种。三大类猪种各有特点，在猪肉生产中根据其不同优点进行合理的利用。

（一）大约克夏猪

约克夏猪，即大白猪，原产英国北部的约克郡及其附近地区，是利用其本地一种体大而粗糙的白毛猪为基础，引进我国的广东猪种和含中国猪血缘的塞莱斯特猪杂交培育而成的白色猪种。1852 年正式确定为新品种，称为约克夏猪，原有大、中、小三种类型。目前国际上分布最为广泛的是大约克夏猪。我国最早在 20 世纪初引入大白猪，现已广泛分布于全国各地。

大白猪体型大而匀称，耳小直立，嘴筒直，背腰平直微弓，四肢较高。被毛全白，皮肤白色，个别有硬币大小黑斑。成年公猪体重 250 ~ 300kg，成年母猪体重 230 ~ 250kg。增重速度快，饲料利用率高。屠宰率较高，胴体瘦肉率高，背膘薄，体重 90kg 时屠宰率 71% ~ 73%，瘦肉率 60% ~ 65%。性成熟较晚，一般 8 月龄体重达到 125kg 以上时初配，但以 10 月龄前后初配为宜。经产母猪平均产仔 12.5 头，活仔数 10 头。

大白猪作为父本与国内民猪、大花白猪、荣昌猪、内江猪杂交，均取得较好的杂交效果。由于其繁殖能力和母性较好，在杜长大三元杂交繁育体系中，大白猪主要作为母本使用。

（二）长白猪

长白猪，又称兰德瑞斯猪，原产丹麦，为脂肪型猪种，后用英国大白猪进行杂交改良，进而培养成全身纯白的瘦肉型猪种。我国于1964年引进长白猪，后又陆续多批次引进。目前，长白猪已广泛分布于全国各地。

长白猪外貌清秀，头狭长面直，耳大前倾。颈肩部较轻，背腰长而平直，体侧长深，腹线平直，臀宽，大腿丰满充实，肢蹄较弱。被毛白色，皮薄，骨细而结实。生长速度快，屠体较长，屠宰率高，胴体瘦肉率高。性成熟较晚，9～10月龄体重达130kg时开始配种。长白猪产仔数略低于大白猪，初产母猪产仔数10～11头，经产母猪产仔数11～12头。

长白猪与地方猪种杂交效果较好，能显著提高杂种猪生长速度和胴体瘦肉率。在杜长大三元杂交繁育体系中，长白猪多作为第一父本使用，与长白猪母猪杂交生产长大二元母猪。

长白猪引入我国后，经风土驯化，适应性能有所提高，但体质较弱，抗逆性稍差，易发生繁殖障碍及肢蹄问题。

（三）杜洛克猪

杜洛克猪，原产美国，为脂肪型猪种，皮厚、骨粗、腿高、体长、成熟迟。20世纪50年代逐渐转型为瘦肉型猪，后通过品种内选育逐渐形成目前体型。新中国建立后，于1972年引入杜洛克，后又陆续从世界多国引入。

杜洛克猪体型大，耳中等大小，半垂耳略前倾，颜面稍凹，体躯深广，肌肉丰满，背腰略呈拱形，腹线平直，四肢强壮，蹄壳黑色。毛棕红色，根据来源不同，毛色深浅不一，从金黄色到棕褐色均有。胴体品质较好，屠宰率高，胴体瘦肉率高。但杜洛克母猪产仔数不高，泌乳力较低。初产母猪产仔数9头左右，经产母猪10头左右。

杜洛克猪作为父本与地方猪种进行杂交，可明显提高后代生长速度、饲料报酬和瘦肉率。因其较为耐粗放饲养，抗病力较强，在高海拔地区较受欢迎。在杜长大三元杂交体系中，杜洛克作为终端父本使用，可提高杂交猪瘦肉率。

（四）皮特兰猪

皮特兰猪，原产比利时，是目前胴体瘦肉率最高的猪种，是由法国的贝叶杂交猪与英国的巴克夏猪进行回交，然后再与英国大白猪杂交育成。

皮特兰猪头清秀，颜面平直，两耳直立略向前。体躯呈圆柱形，肩部肌肉丰满，背部宽直，后躯肌肉尤其发达。毛色灰白并带有不规则的深黑色斑点。瘦肉率极高，背膘很薄。在较好的饲养条件下，前期生长迅速，饲料利用率高，屠宰率 76%，瘦肉率可达 70%，但应激敏感性高，容易出现 PSE 肉。初情期一般在 8 月左右，初配日龄多在 11 ~ 12 月龄。每胎产仔数 10 头左右，产活仔数 9 头左右。

皮特兰猪产肉性能高，多用作父本与抗应激品种进行杂交。

（五）迪卡配套系

迪卡配套系猪是从美国引进的 5 系杂交配套专门化品系，由 A、B、C、D、E 5 个纯系进行特定的配套杂交生产商品肉猪。迪卡配套系追求的是终端商品猪在经济性能上的最大杂种优势，在生长发育、肥育性能、胴体品质、饲料报酬等方面表现出色。

（六）斯格配套系

斯格配套系猪是由比利时培育，1981 年引入中国深圳，饲养于光明合营猪场，并为我国的光明配套系猪的培育提供了遗传资源。斯格配套系商品猪由 36 系、12 系、15 系、23 系、33 系共 5 个纯系经配套杂交生产商品猪。

（七）三江白猪

三江白猪是我国首次培育的肉用型新品种，在较好的饲养条件下，表现出生长迅速、饲料消耗少、胴体瘦肉多、肉质好、适应北方寒冷气候的优点。

三江白猪主产于黑龙江省东部合江地区。在培育过程中主要使用了长白猪和东北民猪。三江白猪头轻嘴直，耳下垂。背腰宽平，腿臀丰满，四肢粗壮，肢蹄结实。全身被毛白色，毛丛稍密。乳头数7 对。继承了东北民猪在繁殖性能上的优点，性成熟早，初情期在 4 月龄，发情明显，受胎率高，初产产仔数 10. 2 头，经产 12. 4 头。

三江白猪与大约克夏、苏白猪、哈白猪杂交在增重上均呈现杂种优势。

（八）上海白猪

上海白猪产于上海市近郊的上海和宝山两县。产区位于气候温和的长江口冲积平原，土壤松软肥沃。当地蔬菜茎叶和水生饲料资源丰富，另有较多食品加工副产品和医药工业副产品，为上海白猪的形成提供了物质基础。上海白猪是由鸦片战争时进入的白色“茄门猪”、抗日战争时期引入的“东洋猪”、大白猪、地方猪种等杂交形成的白色猪种群体，在 20 世纪六七十年代经过系统的选育而培育而成。

上海白猪体型中等偏大，体质结实。头面平直或偏凹，耳中等大小略前倾，背宽，腹稍大，腿臀较丰满，被毛白色，乳头 7 对。公猪多在 8 ~9 月龄，体重 100kg 以上开始配种；母猪多在 8 ~9 月龄，体重 90kg 时初配。瘦肉率高，生长较快，产仔数较多，适合在大中城市近郊饲养。

上海白猪在杂交利用中多用作母本使用，具有较好的杂交效果。

（九）民猪

民猪，又称东北民猪，属于华北型猪种，具有抗寒性强，繁殖力高，肉质好，90kg 体重前瘦肉率高的特点。原产于东北地区和华北部分地区。由从山东和河北地区传入东北地区小型和中型华北黑猪与当地猪种杂交，并经过长期选育而成。

民猪头中等大，面直长，耳大下垂。体躯扁平，背腰狭窄，臀部倾斜，四肢粗壮。全身被毛黑色，毛长而密，猪鬃较多，冬季密生绒毛以利保温。乳头 7 ~ 8 对。据近年来在东三省的民猪育肥试验，18 ~ 92kg 育肥期阶段日增重 458g。90kg 体重屠宰率和瘦肉率分别为 72.5% 和 46.13%；120kg 体重屠宰率和瘦肉率分别为 75.6% 和 39.14%。性成熟早，公猪一般在 9 月龄、体重 90kg 时配种，母猪在 8 月龄、体重 80kg 时初配。

东三省地区利用民猪做母本与大约克夏、长白猪、苏白猪、巴克夏猪杂交，均取得了较好的经济效益。

（十）金华猪

金华猪属于华中型猪种，具有性成熟早、繁殖力高、皮薄骨细、肉脂品质好、适于腌制火腿的优点，缺点是育肥后期生长缓慢，饲料利用率低。

金华猪主产于浙江金华地区东阳县、义乌县、金华县。金华猪产区养猪历史悠久，但交通不便，因此诞生并发展了火腿腌制加工工艺。这就对猪的体型特别是腿部肉质提出了较高要求，久而久之形成了金华猪皮薄骨细、早熟易肥、肉质优良、适于腌制火腿的特性。金华猪体型中等偏小，耳中等大，下垂不超过口角，额有皱纹，颈短粗。背微凹，腹大微下垂，臀较倾斜。四肢短细，蹄坚实呈玉色。毛色以中间白两头黑为特征，因此又称为“金华两头乌”。金华猪一般饲养 10 个月左右，育肥猪体重可达 70 ~ 75kg。通常于 60 ~ 80kg 体重屠宰，所得后腿可制得 2 ~ 3kg

的金华火腿。性成熟早，一般公母猪在5月龄，体重25～30kg即可初配。

金华猪作为母本与大约克夏、中约克夏、苏白猪、长白猪等外来猪种杂交，均有较好的效果。

（十一）荣昌猪

荣昌猪具有适应性强、瘦肉率较高、配合力好、鬃质优良等特点。原产四川荣昌和隆昌两县。

荣昌猪体型较大，头型适中，面微凹，耳中等大而下垂。额部皱纹横行，有旋毛。体躯较长，发育匀称，背腰微凹，腹大而深，臀部稍倾斜，四肢细致结实。被毛除两眼四周及头部有大小不等黑斑外，其他均为白色。鬃毛刚韧洁白，一般长度在11～15cm，每头猪产鬃200～300g。荣昌猪在中等营养水平下，体重由20kg增长至80kg，约需120d。屠宰以7～8月龄，体重达80kg左右为宜。猪肉色鲜红，大理石纹清晰，分布均匀。公猪5～6月龄可参与配种，利用至3～5岁。母猪初配月龄一般为7～8月龄，体重50～60kg为宜。荣昌猪作为母本与约克夏、长白、巴克夏杂交，后代具有一定杂种优势。

第二节　我国猪肉生产消费概况

一、我国猪肉生产供应概况

养猪在畜牧业中占有很重要的地位。2001年，养猪的产值为4 028.88亿元，占畜牧业总产值的50.59%。到2008年，养猪业的产值为10 960亿元，占畜牧业总产值的53.25%。2009年，养猪业产值有所下降，其产值为9 177.64亿元，所占比例为47.14%。虽然比例有所下降，但猪的养殖在我国畜牧业中仍然占据着极其重要的地位。同时，养猪业在许多地区，对于农民来说，还是一种传统的家庭收入的主要来源方式。

（一）猪肉总产量

在2001—2008年期间，前五大猪肉生产国分别是中国、美国、德国、西班牙和巴西。中国是世界第一猪肉生产大国，美国是全球第二大猪肉生产国。但美国的猪肉产量和中国的产量相比，在数量上还是有很大差距。从2001年起，中国的猪肉产量就超过4 000万吨，而美国只是在2008年才超过了1 000万吨。而其他国家的猪肉产量也远没有中国的高，一般只是在几百吨。我国已多年占据世界第一猪肉生产国的地位，猪肉产量占世界总产量的45%左右，在2006年和2007年这两年甚至超过了50%。2008—2010年，全国猪肉总产量连续三年回升，2011年出现小幅下跌，为5 053万吨，较2010年下跌0.34%，但仍高于2009年总产量。2012年全年猪肉产量持续增加，猪肉产量5 335万吨，增长5.6%。猪肉仍是我国生产最多的肉类品种。

（二）猪肉所占比例

随着居民生活质量的提高，我国肉类生产不仅在数量上增多，在结构上也发生着变化。1979—2008年，猪牛羊肉和禽肉的产量都在稳定的增加，猪肉在各种肉类产量中所占的比例在逐渐下降，由原来94.26%下降到60%多的水平。相对于猪肉的产量，牛肉和羊肉产量相对较少，但牛羊肉产量所占比例在逐年增加。禽肉所占的比例也在逐年增加。虽然猪肉产量所占比例在下降，但是在肉类产量中仍然占有绝对的主导地位。2012年经合组织—联合国粮农组织发布的农业展望报告指出，全球猪肉消费量正在以每年近2%的速度在增长，到2018年将全球猪肉消费或可增长至3.2亿吨，猪肉消费量占37.5%，由此可见，我国猪肉产业仍然具有一定的发展潜力。

（三）猪肉生产方式的变化

猪肉的产量由猪的出栏量和存栏量两个重要的指标决定，出栏和存栏直接关系到猪肉的供给。近年来散养户的数量逐渐在减少，2009年与2002年相比差距很大，大规模的养殖户或养殖场在迅速增加。在2002年出栏数小于50头的养殖户养殖场出栏生猪数量占总出栏量的72.79%，2009年这一比例降为38.66%。年出栏数在万头以上的养殖场出栏生猪数量占总出栏量的比例在2002年为2.44%，在2009年为6.01%。散养户的比例在减少，但散养生猪仍是我国生猪养殖的主要方式。规模养殖的数量在加，其在生猪出栏量中所占比例越来越大。

（四）生产的区域性

我国猪肉生产有着显著的区域特征，四川、湖南和山东是我国的猪肉生产前三名。从人均猪肉占有量来看，各个省份的差距也是比较大的。不同省份的饲养效率也各不相同，根据划分的不同规模，散养、小规模、中规模以及大规模养殖的效率各不相同，其中规模养殖的效率要高于散养的效率。小规模养殖效率最高，其次是中规模，大规模。耗粮量大是养猪业的一个重要特征，饲料粮食消耗的比重在我国粮食生产中所占比例很大，给粮食生产带来了很大的压力。也是形成养猪生产区域性的主要因素。

二、我国猪肉消费需求

我国猪肉的消费有着悠久的历史，猪肉在我国居民的饮食消费中占据着重要的地位。同时，受传统习俗以及生活习惯的影响，猪肉在我国乃至全世界都是消费最多的肉类品种。相对于一般的粮食消费，肉类的价格一般较高，所以，肉类消费还是生活水平高低的一种度量标准。

（一）我国猪肉消费特点

我国是世界上的猪肉生产大国，猪肉产量一直居于世界首位，同时，相对于猪肉的产量，猪肉的进口量和出口量相当小，因此我国的猪肉是自给自足的。我国的猪肉产量稳步上升，猪肉总体消费量也在稳步增加，虽然目前猪肉的消费比例有下降，但是在一定的时间内，猪肉依然是我国消费最多的肉类品种。

随着经济发展，受到有限的资源和环境的限制，我国猪肉生产和消费在现阶段也体现出新的特点。猪肉的生产不仅受到传统的价格、存栏量的影响，劳动力外出务工以及动物疫病都会对猪肉的生产产生影响。同时，收入的提高以及对生活质量的注重，使得居民的消费结构也发生了变化。我国居民对猪肉的需求已经不仅仅满足于数量，而是更加注重其营养性和安全性。

（二）城乡猪肉消费存在差异

1. 城乡人均猪肉消费量存在差距

我国城乡人均猪肉消费量有较大差距，城镇居民的猪肉消费量明显比农村居民多。城镇居民的人均猪肉消费量波动趋势较大，但是一直保持在15kg以上的水平，从2002年始达到了20kg以上，整体的消费水平有了明显提高。而农村居民的人均猪肉消费量一直呈上升趋势，在2005年超过了15kg，以后一直在15kg上下浮动。

2. 城乡猪肉消费量总体水平存在差距

城镇和农村猪肉消费总量有着一定的差距，城镇居民的猪肉消费总体水平一直高于农村居民。近年来，这种差距在逐渐缩小。城镇居民的猪肉消费已经达到了一定的水平，增加的趋势放缓，猪肉消费波动性较大。而农村居民的猪肉消费量一直在稳步上升。随着农村居民猪肉消费水平的提高，农村居民与城镇居民的猪肉消费差距逐渐缩小。我国农村居民的生活水平虽然在日益提高，但还没有达到相当高的水平，肉类消费对一些地区的农村居民来说还不是日常消费品，一旦猪肉价格发生较大波动，农村居民的需求量会出现比城镇居民相对较大的波动。随着农村人均收入的增加，农村居民的猪肉消费仍有潜力，有着较大的增长空间。

3. 猪肉消费量的季节性

猪肉性平味甘，是居民日常生活中最常选择的肉类。城镇居民的生活水平已经达到了一个较高的层次，生活环境较为便利。而且养殖技术的进步使生猪出栏、屠宰都很方便，随时都能为居民提供鲜肉。物流的普及以及便利超市、商铺的出现，极大的方便了城镇居民每天购买猪肉，使得猪肉消费极其便利。因此，城镇居民的猪肉消费季节性不明显。但在农村，猪肉的消费就具有季节性。受收入水平的制约，农村居民的购买力有限，目前还没有达到城镇居民的生活水准，猪肉还算不上一种必需品，此外，农村地区生活设施相对不如城镇便利，没有达到随时购买的程度。我国在许多地区的农村还有过年杀猪的习惯，或是家中有重要的事时会杀猪。虽然便利的物流及冰箱的出现方便了居民吃肉，但是农村居民的猪肉消费仍存在季节性的特征。

4. 猪肉不同部位的消费结构存在差异

城镇居民与农村居民对猪肉不同部位的消费结构存在很大不同。城镇居民消费的排骨和瘦肉占总体消费比例的55.8%，半肥半瘦的肉占32.8%，而肥肉仅占4%。农村居民的排骨和瘦肉消费量仅占35.5%，这与城镇居民的比例差距较大。农村居民对半肥半瘦的肉类消费量所占的比例为48.5%，而消费的肥肉比例为9.4%。城镇居民对猪肉的消费侧重于蛋白质的摄取，受健康观念的影响已经较少的摄取动物性脂肪了。从农村居民猪肉消费结构来看，脂肪还是占据比较主要的一部分。农村居民受收入水平，消费观念、习惯的影响，与城市居民的猪肉消费结构有较大差异。可见，农村居民的畜产品消费仍处于改善生活水平的初级阶段，还远没有达到高蛋白、低脂肪的营养目标要求。

5. 猪肉消费在总体畜产品中所占的比例

从我国猪肉消费概况来看，我国生产的猪肉出口量很少，主要都被国内消费。猪肉是我国居民消费最多的畜产品，居民的消费数量保持在一个较为稳定的水平。猪肉消费量随着收入水平的提高也在相应的提高，但是其他畜产品提高程度要比猪肉消费提升的速度要快，这就导致居民消费的猪肉在消费的总体畜产品中所占的比例在不断下降，但目前猪肉仍然是我国居民消费量最大的肉类。城镇居民消费猪肉的比例低于农村居民，说明猪肉在农村居民的饮食结构中占据重要地位。

6. 猪肉的消费的地区差异

由于风俗习惯和饮食习惯的差异，猪肉的消费还存在着显著的地区差异。西部地区的城镇人均猪肉购买量最高，农村居民家庭人均猪肉消费量也是相对最高的，有些甚至会高于其他地区城镇居民的人均猪肉消费水平。城镇居民由于对营养摄取的注重，比较偏好高蛋白、低脂肪的猪肉，而农村居民消费的高脂肪肉类较多。

7. 影响猪肉消费的因素

影响居民猪肉消费的因素有很多，并且对城镇居民和农村居民的影响程度不同。对于城镇居民来说，居民收入、猪肉价格以及消费习惯对居民消费猪肉有显著影响。对于农村居民来说，只有猪肉价格和消费习惯对猪肉消费的影响是明显的，影响效果与城镇居民相同，但是影响程度大于城镇居民。生活习惯对猪肉消费影响也是较大的，例如我国西南地区居民的猪肉消费量相对较多，但是收入水平不如北方地区或一些大城市的水平高。影响城镇居民猪肉消费最重要的因素是户外消费，城镇居民收入增加会使在外饮食增加，而在外饮食主要消费的就是畜产品，而畜产品又以猪肉为主，所以说收入的增加使猪肉的在外消费增多。总体说来，收入的提高促进了居民的猪肉消费。

第三节　我国猪肉质量安全概况

一、我国猪肉质量安全现状

（一）我国猪肉质量安全的主要问题

随着生活水平的提高，人们对营养摄取越来越注重，所以对畜产品的需求在提升。猪肉作为传统的肉类，在居民饮食当中占据着重要的地位，猪肉的安全直接影响着人们的生命安全。近年来，食品安全问题引起了越来越多人的注意，其中，关于猪肉安全的问题也越来越突出。安全猪肉生产是一个系统工程，任何一个环节出现问题，势必威胁到猪肉的安全卫生。

1. 掺杂肉和劣质肉

根据《中华人民共和国动物防疫法》“国家对动物实行定点屠宰、集中检疫”的规定，对动物、动物产品的卫生管理和监督重点将在产地检疫和屠宰检疫。但是，一些屠宰点和个体肉品经营者，无视国家法律、法规，将病、死畜禽肉带入市场销售，还有的为了牟取暴利，给肉中掺水，这不仅损害了消费者的经济利益，而且对消费者的身体健康构成了很大的威胁。

2. 生猪饲养过程中的安全问题

在生猪饲养过程中的安全问题也是目前猪肉质量安全的主要问题。如生猪成长期间，为加快生猪育肥，许多养殖户在饲料中添加抗生素、激素、“瘦肉精”等添加剂，来达到促生长，提高瘦肉率的目的。此外，还有在饲料中加入重金属来提高猪的增重速度。同时，猪食用的饲料会被一些细菌或其他微生物及其毒素污染。这些有害物质，若残留在猪肉中，就会对人体产生毒害作用，给人类健康带来长期隐患。

3. 肉在加工、运输的过程中的安全问题

猪肉在加工、运输的过程中也存在着安全问题。在屠宰及胴体冷却、分割、包装等环节可能造成肉的微生物污染，引起食物中毒，如沙门氏菌食物中毒。肉制品加工过程中不合理使用添加剂、防腐剂、色素等，同样也影响猪肉的食用安全。不科学包装方法，不卫生的包装袋，运输过程中被污染等许多其他因素也影响着猪肉的安全。目前，屡屡发生的问题猪肉事件，已经让许多消费者对猪肉的食用安全产生了质疑，猪肉的质量安全已经影响到猪肉的消费。因此，猪肉的安全问题需要重视。

（二）影响猪肉质量安全的因素

目前，我国食品安全管理在原料供给、生产场所、生产加工、包装储存及销售等环节存在诸多问题，食品安全形势不容乐观。食品质量安全问题频发，食品假冒伪劣事件屡禁不止，农、兽药残留普遍偏高，动物饲养中滥用激素和抗生素的现象日渐严重，它们除引起食用者急性中毒外，大量的问题是引起慢性中毒、致癌、致畸、致突变（“三致”作用），这些已成为世界上广泛重视的卫生问题，它不仅关系到食用者本身的安全和健康，而且关系到子孙后代和人类的健康发展。目前影响猪肉质量安全的因素主要有以下几点。

1. 农业环境污染

随着工业的迅速发展，大量的废水、废气、废渣造成环境的污染和破坏。同时，农业生产中大量使用的农药、兽药、化肥，造成对农产品的源头污染，严重制约着我国安全猪肉等农产品的发展。目前，我国受农药污染的农田约667万公顷。据全国农业环境检测网2002年对30万公顷基本农田保护区土壤中重金属定点检测，其中3.6万公顷土壤重金属超标。农业环境的污染破坏了土壤、水质、大气等，对生猪的饲料以及生猪饮用水、加工用水等造成污染，通过富集作用，在猪的体内集聚，严重影响到猪肉的质量安全。

2. 化学物质残留

猪肉中化学物质的残留可直接影响到消费者的身体健康。化学物质的残留，主要包括食品添加剂的化学残留、农药残留、兽药残留、重金属残留等。

农药可用于预防、消灭、驱除各种昆虫、啮齿动物、霉菌、病毒、杂草和其他有害动植物，以及用于植物的生长调节剂、落叶剂、贮藏剂等。农药的广泛使用，常通过食物链途径造成动物性食品的农药残留（指农药的原形及其代谢物蓄积或贮存于动物的细胞、组织或器官内）。农药对猪肉产品的污染还可通过对动物使用农药驱虫，厩舍使用农药消毒或在运输中受到农药的污染等途径，但主要是通过食物链而来。引起食品污染的农药主要是有机磷、有机汞、有机砷等农药。

用于动物生产的药物，如抗生素、磺胺制剂、生长促进剂和各种激素制品等，如不遵守休药期有关规定，不正确使用兽药和滥用兽药，使用未经批准的药物等，会造成兽药在动物体内超标并形成残留。

目前，兽药残留给猪肉质量安全造成了严重的影响。世界卫生组织认为兽药残留是当前及今后猪肉安全性问题中的一个重要问题。

3. 生物性污染

生物性污染是影响猪肉质量安全的重要因素，养猪业中，在饲料、生猪喂养、生猪屠宰加工、猪肉贮存、运输、销售，直到食用的整个过程中，每一个环节都有可能受到生物污染，进而危害人体健康。生物性污染主要包括细菌、病毒、寄生虫等。引起食物中毒的主要致病菌，包括大肠杆菌、沙门氏菌、结核病杆菌、布氏杆菌等。引起人兽共患传染病和寄生虫病的病原体，主要有结核病、布鲁氏杆菌病、猪丹毒，猪囊尾蚴、旋毛虫、弓形虫、裂头蚴和住肉孢子虫等。

微生物污染饲料或导致饲料霉变的问题不容忽视。引起饲料霉变的微生物主要有曲霉菌、青霉菌等，特别是黄曲霉菌对猪饲料原料造成的污染最为严重。

二、我国猪肉生产过程质量控制现状

猪肉生产过程中，质量的控制主要决定于3方面。其一是生猪养殖之前的相关投入环节，这一阶段作为“原料的原料”，是重要的质量决定因素。其二是养殖环节，即仔猪经过育肥长成可出栏生猪的这一阶段。养殖环节是生猪生命存在的阶段，生猪的肉品品质、是否疫病等情况均反映于养殖户养殖场在生猪饲养过程中的行为，而生猪的健康状况也会最终影响猪肉的质量安全。其三是屠宰加工和流通环节，生猪经由屠宰加工形成猪肉，流通和销售使猪肉成为有形的动态流动，并最终流向消费者，是猪肉供应链必经的一环，也是影响猪肉质量的关键环节。

我国在猪肉生产过程中现在仍然存在着很多关键问题，主要分布在猪种、饲料、兽药、饲养和屠宰加工等环节。

（一）猪的品种及繁育体系

猪的品种直接决定猪肉的含汁量、颜色、嫩度、风味等肉品质特性，随着消费者对安全猪肉需求的增加，猪的品种在改善商品猪肉品质方面起着越来越重要的作用。我国年屠宰商品猪约有

80%以上的肉猪来源于生产父母代淘汰的公母猪、引进品种和地方品种杂交的二元猪、无计划的杂交猪以及育种场、繁殖场淘汰的纯种猪。而优良的三元杂交商品猪和配套系杂优商品猪不足20%。由于良种杂交繁育生产体系和推广体系不完善，缺乏科学统一的规范，致使我国商品猪的质量远低于养猪业发达的国家和地区，缺乏市场竞争力，直接影响到养猪业的经济效益。所以，必须加强完善规范良种猪良繁体系，提高我国养猪业种源的竞争力。

（二）饲料安全

所谓饲料安全，通常是指饲料产品中不含有对所饲养动物的健康和生产性能造成实际危害，且不会在养殖产品中残留、蓄积和转移的有毒、有害物质或因素；同时，饲料产品以及利用饲料产品生产的养殖产品不会危害人体健康或对人类的生存环境产生负面影响。

饲料产品的质量安全直接关系到动物养殖业的正常发展，关系到动物产品的质量安全，关系到对人体和环境的影响。虽然我国的饲料安全工作不断加强，饲料产品的质量水平不断提高，但是从目前来看，我国的饲料安全问题还远没有解决。饲料产品在生产、流通和使用中仍存在着严重的安全隐患。各种人为因素以及非人为因素仍然对饲料安全构成严重威胁。诸如非法使用违禁药品、超范围或过量使用饲料添加剂、污染及霉变造成的饲料卫生指标超标等问题依然严重。

（三）屠宰加工运输等环节质量控制

猪肉在屠宰、加工、包装、贮存、运输等环节均可受到污染。因此《生猪屠宰管理条例》要求对生猪实行定点屠宰、集中检疫。但私屠滥宰现象屡禁不止，某些屠宰场达不到定点屠宰场的要求，加工技术落后，在加工过程中受到的病原微生物如沙门氏菌、大肠杆菌等污染。在加工过程中滥用非食品化学物质加工，添加有毒物质的情况经常发生，给畜产品安全造型极大隐患。食品流通环节包装材料不合格，贮存保鲜技术落后，运输环境恶劣，产生二次污染，影响猪肉产品的质量，造成安全隐患，因此，目前屠宰加工运输等环节的质量控制仍然是我国猪肉生产过程质量控制的主要措施之一，切断经由运输、屠宰、肉制品加工过程污染的途径，规范生猪定点屠宰制定，严防注水肉、病死猪肉流入市场，肉品加工应严格按照 GMP（良好卫生操作规范）进行生产，最好采用冷链运输，改热胴体直接上市销售的做法为冷却分割冷却肉冷藏销售。

三、质量安全认证体系现状

我国对食品安全的认证工作是从绿色食品开始的。1991 年，农业部发布了《“绿色食品”产品管理暂行办法》和《“绿色食品”标志管理暂行办法》。1995 年，国家环保总局有机食品发展中心注册了中国有机食品标志，出版了《关于有机（自然）食品标志的管理办法（试行）》和《有机（自然）食品生产和加工的技术标准》。2002 年，农业部发布了《全面推进“无公害食品行动计划”的实施意见》，同年出台了《无公害农产品管理办法》和《无公害农产品标志管理办法》。

2002 年开始，中国出台了一系列的法规和部门性规章，以规范和加强农产品认证认可体系的建设。2002 年，国务院办公厅下发了《国务院办公厅关于加强认证认可工作的通知》。2003 年，国家认监委等 9 部委联合发布了《关于建立农产品认证认可工作体系的实施意见》；同年，农业部、国家认监委共同制定了《无公害农产品产地认定程序》和《无公害农产品认证程序》，国务院颁布了《中华人民共和国认证认可条例》。2004 年，商务部、科技部、财政部等11个部委联合出台了《关于积极推进有机食品产业发展的若干意见》；同年，国家质检总局出台了《有机产品认证管理办法》。2005年，国家认监委制定了《有机产品认证实施规则》。

目前，中国已经初步建立了以无公害农产品认证为重点，以绿色食品认证为先导，以有机农产品认证为补充的“三位一体、整体推进”的农产品质量认证体系。

（一）无公害农产品的认证

2001年，我国批准了无公害农产品农业行业标准，全国统一的无公害农产品认证由农业部农产品质量安全中心负责。2003年，农业部还印发和起草了若干无公害认证相关法规。无公害农产品认证包括无公害农产品产地认定和无公害农产品产品认证。2003年开始认证工作，2004年全面启动和深入开展，目前大力推进无公害农产品产地认定和产品认证工作进展顺利、成效显著。

1. 无公害农产品产地认定情况

2003年，全国无公害农产品认定产地总数为2 081个，其中畜牧业325个。2004年无公害农产品产地认定数为7 419个，其中畜牧业1 247个。

2. 无公害农产品产品认证情况

无公害农产品产品认证增长迅速，认证范围不断扩大。随着标准的完善，无公害农产品认证目录也从267个拓展到329个，涵盖了绝大部分“菜篮子”和“米袋子”产品。据农业部农产品质量安全中心的统计，2003年，共有1 563个单位生产的2 071个产品通过全国统一的无公害农产品认证，其中畜牧业产品274个。2004年，共有6 255个单位生产的10 343个产品通过全国统一的无公害农产品认证，其中畜牧业产品1 050个。

3. 猪肉及生猪的无公害认证情况

关于猪肉或生猪的无公害认证情况，2004 年，全国共有 359 个单位的猪肉或生猪获得无公害农产品认证。其中，四川省最多，有 86 个单位的产品获得认证；其次，是广东、天津。2005 年，全国共有 145 个单位的猪肉或生猪获得无公害农产品认证。其中，福建省最多，有 34 个单位的产品获得认证；其次是广西、湖北。据四川省畜牧食品局资料，2003—2004 年，四川省无公害畜产品获证企业（产品）218 家，其中 92 家单位的生猪或猪肉产品获无公害畜产品认证，占无公害畜产品总数的 46.70%。截至 2009 年，列入认证目录的农产品种类已达 815 个，其中种植业产品 546 个，畜牧业产品 65 个，渔业产品 204 个。至 2013 年黑龙江无公害生猪、猪肉产品生产情况见表 1－1。

表 1－1　黑龙江无公害生猪、猪肉产品统计表

地市	数量	猪肉	生猪	主体
哈尔滨	6	3	3	3
齐齐哈尔	2	2	0	2
牡丹江	5	5	0	5
佳木斯	9	2	7	7
大庆	2	2	0	2
鹤岗	2	1	1	2
绥化	7	2	5	6
大兴安岭	1	1	0	1
农垦	10	0	10	10

（二）绿色食品认证

绿色食品的认证工作始于 1992 年，由农业部中国绿色食品发展中心负责标准制定与认证工作。到 2003 年，中国绿色食品发展中心在全国委托了 38 个管理机构，11 个国家级产品质量监测机构，56 个省级环境监测机构，形成了覆盖全国的绿色食品质量管理和技术服务网络。2004 年，全国共有 2 836家企业的6 496个产品获得了绿色食品标志使用权，实物总量达 4 600万吨，年销售额超过 860 亿元，出口额 1.25 亿美元，产地监测面积 596 万公顷。从产品的类别结构上看，种植业产品占 61.4%，畜牧业产品占 1.72%，渔业产品占 4.1%，其他类产品占 1.73%。到 2013 年年底，全国共有 7 696家企业的 19 076个产品获得了绿色食品标志使用权，年销售额超过 3 625.2亿元，出口额 2.6 亿美元，产地监测面积 25 642.7万亩，其中绿色猪肉产品数 158 个，产量 24.73 万吨。

（三）有机农产品认证

1994 年，国家环境保护总局成立有机食品发展中心，负责有机食品的标准制定与认证工作。2004 年，有机食品认证认可管理工作已经正式由国家环境保护总局移交给国家认监委。国家认监委先后出台了《有机产品认证管理办法》和与之相配套的《有机产品标准》、《有机产品认证实施规则》等一系列的规章制度。到 2004 年底，新认证的企业数达 148 家，有效使用有机标志的企业数总计 228 家（含转换期）。2004 年，产品总数达到 588 个，产品的实物总量 372 万吨，年销售量总计 35 亿元，出口率 35%。部分地区继续保持有机食品的快速发展，以认证企业计，江苏省占 27%、江西省占 15%、吉林省占 7%。认证面积共计 2 197万亩，其中放牧面积 430 万亩。从产品结构分析，种植业及其加工产品占 79.8%，畜类产品占 5.27%。

第二章 优质猪肉的概念及要求

第一节 优质猪肉的概念

一、优质猪肉的基本概念

随着我国经济的发展，人们生活水平的提高，人们对猪肉产品的消费已从单纯对数量的需求转为对品质和安全的需求。我国养猪业开始进入发展安全猪肉或优质猪肉生产的新阶段，并提出了“优质猪肉”的基本概念，“优质猪肉”的基本概念已不再是专指传统意义上的不注水猪肉，不使用病猪肉、死猪肉等，而是把猪肉生产的质量提高到一个更高的层次。

“优质猪肉”的基本概念一是指猪肉的品质要好，包括肉的颜色、pH 值、肌内脂肪的含量、嫩度、系水力、肌纤维的粗细等项指标要符合标准；二是指猪肉中各种有毒有害物的残留，要控制在一定的标准范围以内；三是猪肉不受任何污染，符合无公害猪肉的安全指标。

因此，安全优质猪肉应是具有良好的营养、保健、安全卫生及感官品质的猪肉。营养品质主要指猪肉产品应能提供促进人体生长的营养元素，这是消费者食用猪肉的最终追求；保健品质主要指猪肉产品食用后不会由于肥肉、胆固醇等太多引发人们的其他疾病；安全卫生品质主要指猪肉产品不含有对人和环境有危害和潜在危害的各种病菌、有毒、有害物质的残留或降到一定限度，符合食品安全卫生标准要求；感官品质主要指猪肉产品外观的诱人特性，一般包括猪肉色泽、嫩度、风味等。至于“安全猪肉”，农业部已颁布行业标准（无公害食品猪肉行业标准NY5029—2001），接近或达到国际质量标准。

二、优质猪肉的要求

现阶段以肌肉的颜色、pH 值和保水力这 3 项国际通用区分生理正常与异常猪肉（PSE）的指标，以及肌内脂肪和肌肉嫩度这两项能突出反映中国地方猪种质特性的性状做为首选指标，来表征食肉的品质，使我国评定肉质的方法不仅与国际接轨，而且满足了消费者对猪肉色、香、味、品质的要求。

目前，还没有“优质猪肉”的国家或行业标准，王林云教授建议达到下列几项标准。

①肌肉的颜色在 3 ~4 分（分级计分制）；

②肌肉的 pH 值在 6.0 ~7.0；

③肌肉的保水力在 70% 以上；

④肌内脂肪含量在 3% 以上；

⑤肌肉的嫩度在 2.6kg 以下；

⑥肉猪体重 90kg 时，胴体瘦肉率在 56% ~58%。

现今的食品生产在追求安全和优质双重质量保证的同时，还要求环境与经济的双重效益，强调“从土地到餐桌”全程的质量控制。目前，困惑猪肉安全的难题主要有重金素、兽药残留、微生物污染及其他有毒有害物质的污染。

第二节　猪肉安全卫生限量指标及要求

一、猪肉中重金属污染限量指标

随着我国工业的发展，有毒重金属对环境的污染越来越严重，由其引发的对农业的影响也逐渐的表现出来，随着饲料中粮食作物重金属的本底的增加，饲料中重金属含量的持续上升导致了动物体内中重金属蓄积量的增加，进一步增加了动物性食品中重金属的污染和蓄积，进而对人体造成急性或慢性损害，因此食品中的重金属残留问题日益引起社会的重视。

有毒重金属的污染大体可分为 3 方面：一是由环境污染（土壤、水源）经食物链的浓缩富集而造成的；二是由于在农作物生产中大量使用农药、化肥及农田的重金属污染等，致使饲料粮受到重金属污染；三是由于屠宰、运输、销售各环节的管理不当造成的二次污染。

无公害猪肉生产中应控制的重金属元素主要是砷、汞、镉、铅、铬和铜。重金属在猪肉品的残留限量标准参见表 2－1。

表 2－1　安全优质猪的主要安全卫生标准（单位：mg/kg）

项　　目	指　　标
致病菌（系指肠道致病菌及致病性球菌）	不得检出
砷（以总 As 计）	≤0.50
汞（以 Hg 计）	≤0.05
铅（以 Pb 计）	≤0.50
铬（以 Cr 计）	≤1.00
镉（以 Cd 计）	≤0.10

（续表）

项　　目	指　　标
氟（以F计）	≤2.00
铜（以Cu计）	≤10.00
亚硝酸盐	≤3.00
六六六（以脂肪计）	≤4.00
滴滴涕（以脂肪计）	≤2.00
敌敌畏、乐果、马拉硫磷、对硫磷	不得检出
克仑特罗、秋水仙碱和乙烯雌酚	不得检出
土霉素、金霉素、四环素、氯霉素	不得检出
呋喃唑酮、洛硝达唑、甲硝唑、二甲硝咪唑	不得检出
氯丙嗪、氨苯砜	不得检出

二、猪肉中药物残留限量指标

为了预防和治疗动物疾病，在畜牧业生产中广泛使用抗菌、驱虫药物，抗菌药物作为饲料添加剂在猪饲料中广泛应用，甚至有滥用，还有的为了防止食品的腐败变质，人为地在动物性食品中添加抗生素。在畜牧业生产中常使用激素类生长促进剂主要有性激素和生长激素两类。药物在动物生产中广泛使用，动物性食品中存在不同程度的药物残留，药物残留对人体的危害一般不表现急性毒性作用，主要表现为变态反应与过敏反应、细菌耐药性、“三致”作用及激素样作用。药物在猪肉品的残留限量标准参见表2－1。

三、猪肉中微生物限量指标

猪肉产品在生猪饲养、生产、加工、运输、贮藏、销售及食用过程中，都有可能被各种微生物所污染，污染食品的微生物包括人畜共患传染病和寄生虫病的病原体及以食品为传播媒介的致病菌，如炭疽杆菌、结核杆菌、布鲁氏菌、痢疾杆菌、猪囊尾蚴、旋毛虫、弓形虫和住肉孢子虫等；引起食物中毒的微生物及其毒素，如沙门氏杆菌、葡萄球菌、副溶血弧菌、变形杆菌、肉毒毒素、黄曲霉毒素等；此外，还包括大量引起食品腐败变质的微生物。目前，致病微生物污染是影响我国猪肉产品卫生质量安全的主要影响因素，其限量标准见表2-1。

四、猪肉中其他有害物质限量指标

（一）β-激动剂

苯乙胺类药物（PEAs）是天然的儿茶酚胺类化学合成的衍生物，克仑特罗是本类药物的典型代表，可选择性的作用于β_2受体，引起交感神经兴奋。PEAs多数属于β_2-肾上腺素受体激动剂（β-adrenergic agonist），简称β-激动剂。主要有莱克多巴胺、克仑特罗（克喘素，俗称瘦肉精）、沙丁胺醇（舒喘宁）、塞曼特罗（息喘宁）、吡啶甲醇类等10余种。

β-激动剂虽然能促进动物生长，提高胴体的瘦肉率，但其对动物生理、胴体品质产生严重的副作用，同时在动物性食品中残留而危害人体健康，出现心跳加快、头晕、心悸、呼吸困难、肌肉震颤、头痛等中毒症状。同时还可通过胎盘屏障进入胎儿体内蓄积，从而对子代产生严重的危害。因此，我国已禁止将β-兴奋剂用于食用动物。

（二）霉菌毒素残留

据联合国粮农组织估计，全世界每年大约有5%～7%的粮食、饲料等农作物产品受霉菌侵蚀。饲料受多种霉菌毒素的污染，其中黄曲霉毒素对饲料的污染最严重。用黄曲霉毒素污染的饲料喂畜禽，毒素便在畜禽组织中蓄积，从而污染畜禽产品。当人们经常地食入含有黄曲霉毒素的食品，可引起原发性肝癌，对人类健康有很大的威胁。因此严禁饲喂发霉饲料。

第三节　优质猪肉质量指标要求

一、猪肉的分类

我国民众消费的猪肉主要分为四类：普通猪肉产品、无公害猪肉产品、绿色猪肉产品和有机猪肉产品。

（一）普通猪肉产品

普通猪肉产品是没有经过认证及生产限定的猪肉产品。

（二）无公害猪肉产品

无公害猪肉产品是指产地环境、生产过程和产品质量均符合国家有关标准和规范的要求，经认证合格获得认证证书并允许使用无公害农产品标志的未经加工或者初加工的猪肉产品。无公害农产品是对农产品的基本要求。严格地说，一般农产品都应达到这一要求。20 世纪 80 年代后期，部分省、市开始推出无公害农产品。2001 年农业部提出“无公害食品行动计划”并在北京、上海、天津、深圳 4 个城市进行试点，2002 年，“无公害食品行动计划”在全国范围内展开。无公害农产品产生的背景与绿色食品产生的背景大致相同，侧重于解决农产品中农药残留、其他有毒有害物质等已成为公害的问题。

（三）绿色猪肉产品

绿色农产品是指遵循可持续发展原则、按照特定生产方式生产、经专门机构认定、许可使用绿色食品标志的无污染的猪肉产品。可持续发展原则的要求是，生产的投入量和产出量保持平衡，即要满足当代人的需要，又要满足后代人同等发展的需要。

绿色农产品在生产方式上对农业以外的能源采取适当的限制，以更多地发挥生态功能的作用。

我国的绿色食品分为A级和AA级两种。其中A级绿色食品生产中允许限量使用化学合成生产资料，AA级绿色食品则较为严格地要求在生产过程中不使用化学合成的肥料、农药、兽药、饲料添加剂、食品添加剂和其他有害于环境和健康的物质。按照农业部发布的行业标准，AA级绿色食品等同于有机食品。

绿色猪肉产品是指按特定生产方式生产不含对人体健康有害物质或因素，经有关主管部门严格检测合格，并经专门机构认定、许可使用“绿色食品”标志的猪肉产品。其特征如下。

①强调猪肉生产最佳生态环境；

②对猪肉生产实行全程质量控制；

③对猪肉产品依法实行标志管理。

由此可见，绿色猪肉是从生猪的环境、猪种、饲料、饲养、防疫、屠宰、加工、包装、贮运、销售全过程进行监控，是营养、卫生、无污染的优质猪肉。

（四）有机猪肉产品

有机农产品是指根据有机农业原则和有机农产品生产方式及标准生产、加工出来的，并通过有机食品认证机构认证的农产品。有机农业的原则是，在农业能量的封闭循环状态下生产，全部过程都利用农业资源，而不是利用农业以外的能源（化肥、农药、生产调节剂和添加剂等）影响和改变农业的能量循环。有机农业生产方式是利用动物、植物、微生物和土壤4种生产因素的有效循环，不打破生物循环链的生产方式。有机农产品是纯天然、无污染、安全营养的食品，也可称为“生态食品”。

有机农产品与其他农产品的区别主要有3个方面，其一，有机农产品在生产加工过程中禁止使用农药、化肥、激素等人工合成物质，并且不允许使用基因工程技术；其他农产品则允许有限使用这些物质，并且不禁止使用基因工程技术。其二，有机农产品在土地生产转型方面有严格规定。考虑到某些物质在环境中会残留相当一段时间，土地从生产其他农产品到生产有机农产品需要2～3年的转换期，而生产绿色农产品和无公害农产品则没有土地转换期的要求。其三，有机农产品在数量上须进行严格控制，要求定地块、定产量，其他农产品没有如此严格的要求。

二、优质猪肉的感官指标

目前，我国消费的猪肉主要是鲜肉和冷冻猪肉，其色泽、组织形态、黏度、气味、煮沸后肉汤等感官要求见表2－2。

表2－2　鲜（冷却）、冻猪肉感官指标

项目	鲜（冷却）猪肉	冻猪肉
色泽	肌肉有光泽，红色均匀，脂肪乳白色	肌肉有光泽，红色或稍暗，脂肪白色
组织状态	纤维清晰，有坚韧性，指压后凹陷立即恢复	肉质紧密，有坚韧性，解冻后指压凹陷恢复较慢
黏度	外表湿润，不粘手	外表湿润，切面有渗出液，不粘手
气味	具有鲜猪肉固有的气味，无异味	解冻后具有鲜猪肉固有的气味，无异味
煮沸后肉汤	澄清透明，脂肪团聚于表面	澄清透明或稍有浑浊，脂肪团聚于表面

三、优质猪肉的质量标准

安全优质猪肉的基本要求，一是猪肉中不存在各种有毒、有害物质的残留或降到一定限度，符合食品卫生标准要求。二是猪肉的品质好，特别是肉的色泽、pH值、肌间脂肪含量、嫩度、风味等要好。猪肉色泽要鲜红、pH 值在 6.1 ~ 6.4、大理石纹可见、肌纤维要细，肉的嫩度好，鲜美多汁，口感好。优质猪胴体品质要求见表 2 – 3。

表 2 – 3　猪肉胴体品质要求

品　质	要　求
第 10 根肋骨处腰肌上的脂肪厚度（包括皮）	最厚不超过 3.3cm
眼肌面积（LMA）	最小不小于 29.00cm^2
用肉眼观察所得出的肌肉发育程度	要达到中等（即得分要大于 1.0）
胴体长度	最小不短于 74.95cm
修整后的热胴体重	最小不低于 68.04kg
肌肉颜色	得分 2，3 或 4
肌肉坚韧性和含水量	得分 3，4 或 5
大理石花纹含量	得分 2，3 或 4

第四节　危害猪肉质量安全的关键环节及影响因子

一、危害分析与关键控制点概念

（一）危害分析与关键控制点基本概念

HACCP（Hazard Analysis Critical Control Point，危害分析与关键控制点），就是通过识别对食品安全有威胁的特定的危害物，并对其采取预防性的控制措施来减少生产有缺陷的食品和服务的风险，从而保证食品的安全。它是一个以预防食品危害为基础的食品安全生产质量控制的保证体系，由食品的危害分类（Hazard Analysis，HA）和关键控制点（Critical Control Point，CCP）两部分组成。

HACCP 体系能对食品原料生产、加工、流通等过程中存在的潜在性危害进行分析判定，找出与最终产品质量有影响的关键控制环节，再针对每一关键控制点采取相应预防、控制以及纠正措施，使食品的危险性减小到最低限度，达到最终产品有较高安全性的目的。

（二）HACCP 体系组成

HACCP 体系由 7 个基本原理组成。

①危害分析（Hazard Analysis，HA），即确定与食品生产各阶段有关的潜在危害及其程度，并制定具体有效的控制措施。

②确定关键控制点（Critical Control Point，CCP），即根据提出的危害分析和防护措施，找出食品生产加工过程中可被控制的点、步骤或方法，即关键控制点 CCP。

③确定 CCP 中的关键限值（Critical Limit，CL），关键限值是与一个 CCP 相联系的每个预防措施所必须满足的标准，是确保食品安全的界限。

④建立每个 CCP 的监控程序（Monitor），即通过实施一系列有计划的测量或观察措施，用以评估 CCP 是否处于控制范围之内，并为将来验证程序时的应用做好精确记录。

⑤建立纠偏措施（Corrective Action），对每一个 CCP 都预先建立相应的纠偏措施，便于在加工过程失控时现场纠正偏离，减小或消除失控所导致的潜在危害。

⑥建立验证程序（Verification），即通过审查、检验，确定 HACCP 是否按计划正确运行或计划是否需要修改。

⑦建立记录保存程序（Record Keeping）。

（三）我国畜禽养殖业 HACCP 体系的建立

目前，欧美等国对我国出口产品的安全卫生质量日益重视，特别是对农药、兽药残留的要求越来越高。而在国内市场，畜禽产品的安全卫生也日益成为消费者关注的问题，畜禽产品安全事件时有发生。面对严峻的国际国内市场，解决好我国的畜禽产品安全问题，是维护我国在世界贸易中的形象和促进国内畜牧业生产发展的根本途径。因此，我国畜禽养殖业建立 HACCP 体系以保障畜禽产品的安全卫生质量是十分有必要的。

从 1990—1997 年中国引入 HACCP，历经十余年的推广，我国在 HACCP 研究与应用领域已走在世界前列，对提高我国食品企业的食品安全控制水平发挥了巨大作用。2009 年 6 月 1 日实施的中国《食品安全法》明确鼓励食品生产经营企业实施 HACCP 体系，首次将 HACCP 应用上升到国家法律层面，必将进一步推动我国 HACCP 应用的发展。

二、养殖过程危害分析与关键控制点

根据 HACCP 原理对畜禽养殖过程中环境污染、劣质饲料等因素可能造成的危害分析如下。

（一）环境污染控制

环境对畜禽养殖业的影响主要为工业三废、化肥、农药、城市生活垃圾等通过空气、水源、土壤、农作物、饲料等环节对畜禽的污染。进而由畜禽产品进入人体，危害人的健康。

目前我国的养猪生产方式大致分为农户散养和规模化养猪 2 种。农户散养的猪舍大多建在庭院中，人的生活废弃物和猪的排泄物互相污染；规模化养殖场大多建在城郊，靠近居民区、工厂、交通干线等，粪污量大，有的没有进行有效的处理，既对环境造成了严重的污染，也使得场区环境日益恶化。人的生活废弃物和猪的排泄物互相污染以及场区环境的恶化，引起猪只的应激和疾病的发生，为此不得不大量使用药物，从而可造成猪肉产品药物残留超标，影响猪肉产品的安全性。根据 HACCP 的要求，控制该关键点的措施如下。

1. 正确选择场址

规模化猪场的场址应选择在远离居民区、地势高燥处以避免人员干扰及寒气、湿气的滞留，远离一切污染。对养殖场的土壤、水质进行分析，其指标要符合养殖要求。对可能的污染源进行常规调查监测，发现受到污染要立即进行处理。通过选好场址这项措施可以防止或消除环境污染造成的危害或使其降低到可接受的水平。

2. 合理布局

养殖场要合理规划，科学选址，规模化猪场必须执行分区饲养，主要分 4 个功能区：生活区、生产管理区、生产区、隔离区。根据全年的主要风向和地势规划以上各区，同时区与区之间必须相对独立且有隔离设施，这样才能有效地减少传染病的危害。

3. 无害化处理生产废弃物

设置化粪池对粪尿、污水等进行分离且发酵处理；对病死猪、胎衣等进行焚烧或深埋处理，防止传播疾病。

4. 优化生产模式

实行“统一管理，统一供料，统一防疫，分户饲养，独立核算”的生产模式，采取种养结合、自繁自养的全进全出的饲养模式，并按无公害饲养标准对生猪饲养基地的环境水质进行检验。

（二）饲料的质量保障

用劣质饲料饲养畜禽会影响畜禽产品的质量及安全卫生，并对人体造成危害。劣质饲料是指制成饲料的原料不良，或饲料配方不合理，或饲料贮存不当而变质等。用劣质的如发霉、受到环境污染的原料制成的饲料，或因贮存不当而变质的饲料饲喂畜禽，其毒素蓄积残留在畜禽产品中，对人体产生毒害作用。饲料的配方不合理是指饲料中的某些成分缺乏或过多。通过选好饲料这项措施可防止或消除劣质饲料造成的危害或使其降到可接受水平。

根据 HACCP 的要求，控制该关键点的措施如下。

1. 饲料的来源保障

选用新鲜的、无污染的、配方合理的优质饲料饲喂畜禽。要保证饲料安全就必须从有批准文号、有质量保证的厂家进货。开展对饲料加工企业的考核备案工作，加强饲料加工企业的规范化管理和检查力度，把好进料检测关，严格控制饲料添加剂的使用，防止周围环境对饲料的污染。制定饲料原料质量验收标准，原料进场前按标准取样验收，杜绝农药污染的原料、有毒有害物质污染的原料、发霉变质的原料进厂。

2. 饲料的储存

重视饲料的储藏，做好防潮、防霉变、通风等措施，防止微生物污染，同时定期有步骤地对原料进行检测，发现问题及时解决。

3. 饲料添加成分的监控

加强对饲料添加剂及添加药物的监控，配料时必须在检查核对配方无误后再进行正确配料。确保饲料中各种养分均衡、饲料不受任何污染及饲料中不含生长激素，发现饲料不合格应重新选择。通过加强对激素的管理这项措施可以防止或消除滥用激素造成的危害或使其降低到可接受水平。严格实行饲料成品检测制度，成品进行检测确定符合标准后再出厂，避免造成更大的危害。对畜禽进行定期检测，发现有瘦肉精、生长激素呈现阳性的畜禽应进行无害化处理，并对有关人员追究责任，提高畜禽养殖业从业人员的职业道德。

（三）引种安全控制

种猪应从具有种猪生产经营许可证的种猪场引进，并有《种猪质量合格证》和《兽医卫生合格证》。引进的种猪，隔离观察15～30d，经兽医检查确定为健康合格后，方可使用。仔猪应来自于生产性能好、健康、无污染的种猪群所产的健康仔猪，并实行全进全出制的饲养管理。抓好生猪品种选育工作，在养殖中选择优良品种及其二、三元杂交群。对影响肉质、生长发育迟缓、易感染疾病的品种要及时淘汰。通过做好品种选育措施可防止或消除不良品种造成的危害，或使其降低到可接受水平。

（四）疫病监测控制

许多动物疫病可以通过畜禽产品传播给人，威胁人的健康和生命，已经日益成为直接影响畜禽产品安全的主要因素。因此，要提高疫病的诊疗水平，建立健全动物疫病疫情预警监测体系，加强基层防疫力量，做到即时发现，即时上报，即时控制。根据检疫信息，各地有关部门应针对季节性、地方性做好对各种疫病的重点防治工作，防止或消除畜禽疫病造成的危害或使其降低到可接受水平。

实行全进全出制的饲养管理，对陈旧不合理的猪舍进行必要的改造，按照饲养规模和母猪繁殖周期设计生产流程，实行不同面积的单元式饲养，也是减少猪疫病传播的有力措施。

（五）兽药使用监管

在畜禽养殖过程中用来预防和治疗疾病的某些兽药如链霉素、青霉素、土霉素等抗生素，球痢灵等驱虫药，由于应用不当，超量或长时间应用，以及在屠宰前未能按规定停药，都有可能导致兽药残留在畜禽产品中，并随着畜禽产品进入人体，对人造成毒害作用。因此，必须合理使用兽药，严格遵守使用对象、途径、剂量及休药期的规定。对兽药的使用进行登记，对用量进行监督，观察降解周期。对处于降解周期内的畜禽不应销售或屠宰。通过加强对兽药使用的管理这项措施可防止或消除兽药残留造成的危害或使其降低到可接受水平。

三、屠宰分割过程危害分析与关键控制点

为了提高猪肉产品的安全性，在猪肉分割工艺过程中建立HACCP质量控制系统是十分必要的。根据对猪肉分割工艺过程中的危害分析（HA），找出控制的关键点（CCP），并确定各CCP的控制标准、监控程序和纠偏措施，即分析从原辅料收购到成品出厂整个加工过程中存在的生物学、化学和物理学的潜在危害，采取控制这些危害的有效方法和措施，确保整个加工环节和出厂时的成品卫生安全。利用HACCP管理体系，通过对猪肉分割过程关键控制点的有效控制，不仅可避免单纯依靠终产品检验而产生的质量安全问题，还可以保证产品的感观性质、风味特点和营养特性。

（一）屠宰分割过程各工艺流程危害分析

猪肉分割是将生猪通过验收候宰、屠宰、加工、预冷、分割、包装、结冻等工序加工成猪肉产品。经过现场验证，确定猪肉分割的实际加工流程，并对各工艺流程潜在危害进行分析，见表2－4。

表2－4 猪肉分割工艺潜在危害分析单

加工步骤	潜在危害	预防控制措施	是否列为CCP	判断依据
验收、候宰	生猪携带致病微生物和寄生虫；抗生素、瘦肉精等有毒有害物质超标	对采购的原料生猪进行严格检疫，抽检抗生素、瘦肉精等物质	是	对人产生传染病害或毒害

（续表）

加工步骤	潜在危害	预防控制措施	是否列为CCP	判断依据
电麻	电流电压过大或过小	监控电麻设备，培训操作员	是	影响肉质（如刺激过大发生PSE肉）和加工
刺杀	放血刀具污染；放血不好	刀具消毒，培训操作员	是	放血不好造成肉色不好
浸烫	烫池水微生物污染；温度与时间不够或过强	烫池水保持清洁，严格控制温度与时间	是	影响产品外观
褪毛	微生物污染；肉皮损伤或褪毛不净	褪毛工具消毒，培训操作员	否	轻微影响外观
喷淋冲洗	水中微生物或污染物污染；喷淋不彻底造成血污、毛污残留	用水清洁，且水压足够；控制水温与时间	否	影响产品保质期
胴体加工	环境中致病微生物、蝇、寄生虫、灰尘等影响	保持环境卫生洁净	是	影响产品保质期，对人有毒害
乳酸冲洗	乳酸浓度及时间不够	培训操作员	是	不利于降菌和维持肉的色泽
冷却（预冷、快冷）	冷却温度不够，导致微生物污染，肉质腐败	严格控制冷却温度与时间，培训操作员	是	不利于降菌以及肉的嫩化和良好风味形成
剔骨、分割	环境中致病微生物、蝇、寄生虫、灰尘等影响，传送带等设备清洗液、消毒液残留	保持环境卫生洁净，设备器具无清洗液、消毒液残留	否	影响产品保质期，一般危害
包装	包装材料造成的污染；金属等异杂物的污染	包装材料符合卫生标准，使用金属探测仪	否	影响产品保质期，一般危害
结冻与冷藏	结冻温度过高造成慢冻，影响品质；冷藏温度过高或波动过大，影响保质期	装备温控设施，并进行人工定时测温	否	温度可统一控制

（二）屠宰分割过程各工艺流程关键控制点

根据危害分析结果，确定验收候宰、电麻、浸烫、胴体加工、乳酸冲洗、预冷、快冷等严重影响肉制品质量的工艺步骤为猪肉分割加工的 CCP。对照表 2－1 所做的危害分析，对各个 CCP 分别制订便于监控的关键限值，确定检测的对象、方法和人员，并提出发现危害突破关键限值时的纠偏措施和验证措施，从而制订出 HACCP 计划表，见表 2－5。

表 2－5　CCP 的控制参数与检查控制

CCP	检测对象	关键限值 CL	检测方法	检测人员	纠偏措施	验证	记录
CCP1 验收、候宰	致病微生物、寄生虫、抗生素、瘦肉精等	营业执照、卫生许可证，检验、检疫合格证	按国家标准	采购员、兽医、检疫员、化验员	禁用不合格的生猪	过程 QC 抽检，查验证件并记录	索证登记；验收报告；检验、检疫报告
CCP2 电麻	电流、电压、时间	电流 2.4～2.8A；电压 75～100V；时间 1.5～2.2s	电流、电压表观察	操作员	保持观察，确保 CL 在设定范围内	过程 QC 抽检并记录	仪器观察记录表；纠偏措施报告
CCP3 浸烫	水温、浸烫时间	水温 58～63℃；时间 3～6min	测温仪、计时表观察	操作员	操作中发现监控温度和时间偏离 CL 时，操作员将产品隔离存放	过程 QC 抽检并记录	仪器观察记录表；纠偏措施报告
CCP4 胴体加工	旋毛虫、囊尾蚴、肉孢子虫	不得检出	视检、剖检、触检、镜检	检验员	若有寄生虫检出，操作员将产品隔离处理	过程 QC 复检并记录	寄生虫检验记录表；纠偏措施报告

（续表）

CCP	检测对象	关键限值CL	检测方法	检测人员	纠偏措施	验证	记录
CCP5 乳酸冲洗	水压、乳酸浓度	0.3～0.5Mpa；1.5%～2.0%	表压观察、酸度滴定	操作员、化验员	保持观察，确保CL在设定范围内	过程QC抽检并记录	仪器观察记录表；酸度滴定记录表；纠偏措施报告
CCP6 预冷	预冷温度、时间	0～4℃；16～24h	测温、计时	冷库管理员	操作中发现监控温度和时间偏离时，操作员将产品隔离存放	过程QC用探针温度计检测产品中心温度是否达标	仪器观察记录表；纠偏措施报告
CCP7 快冷	温度、时间	-20℃；1.5～2h	测温、计时	冷库管理员	操作中发现监控温度和时间偏离CL时，操作员将产品隔离存放	过程QC用探针温度计检测产品中心温度是否达标	仪器观察记录表；纠偏措施报告

四、包装及贮运过程危害分析与关键控制点

（一）包装及贮运过程危害分析

包装及贮运是猪肉生产的最终环节，也是非常关键的一环。

（1）包装　采用气调包装方式，通过改变包装内的气体成分使肉品处于空气不同组成的环境中，从而起到抑制微生物的生长和繁殖，延长保鲜期作用。包装前微生物污染情况对产品货架期影响较大。包装要求在低温下进行。

（2）冷藏　对于冷却猪肉的生产，冷藏是一个必须的缓冲过程。加工包装好的生鲜肉应及时入库冷藏，冷藏间的温度控制在0～4℃。

（3）运输　运输过程中要控制环境的温度在7℃以下，而且注意操作过程中防止气调包装的破损。

（4）销售　销售温度控制在0～4℃，防止微生物的繁殖。

通过以上危害分析，制定冷却猪肉生产的危害分析工作表，结果见表2－6。

表2－6　猪肉包装运输环节的危害分析表

加工步骤	潜在危害	显著危害	判断依据	预防控制措施	关键控制点
分割	微生物残存	是	温度失控导致	控制分割间温度，及后面冷藏步骤	是
包装	微生物残存	是	温度失控、包装封口不严密导致	控制温度、气体浓度及封合性	是
冷藏	微生物残存、繁殖	是	温度失控导致	控制温度、湿度等	是
运输	微生物残存、繁殖；化学物污染	是	运输车辆温度控制不当车辆卫生达不到要求	控制温度及在途时间，严格执行SSOP，每次运输前彻底清洁	是

（二）包装及贮运过程关键控制点

根据危害分析的结果，确定猪肉分割、包装、冷藏、运输等4个关键控制点，并根据HACCP原理，制定冷却分割猪肉的HACCP计划，见表2－7。

表2－7　冷却分割猪肉包装运输HACCP表

CCP	危害	关键限值	监控				纠偏行动	记录	验证
			对象	方法	频率	人员			
分割	微生物污染、繁殖	分割间温度≤7℃，时间≤1h	分割间温度、操作时间	用温度计、钟表测定	每批	在线品控	调节室温，分割工人和设备定时消毒	分割间温度、时间记录	每天测室温，抽检样品测定菌落总数

（续表）

CCP	危害	关键限值	监控				纠偏行动	记录	
			对象	方法	频率	人员			
包装及包装材料灭菌	微生物污染	包装间温度≤12℃，气体浓度50% O_2 +25% CO_2 +25% N_2；双氧水浓度35%，浸泡温度60℃	温度，气体浓度	测定温度和气体浓度	每批	包装工	调节温度和气体配比	温度记录，包装记录	每天抽检样品，测定包装封口性
冷藏	微生物污染、繁殖	库温0～5℃，冷藏时间不超过4d	库温及肉中心温度	温度计	每批	冷库操作工	调节室温、风量至正常，对产品评估	冷库操作记录	每天测室温，样品抽检测定菌落总数
运输	微生物污染、繁殖	运输工具库温0～7℃	库温及肉中心温度	温度记录仪	每批	运输监督员	调节运输工具库温，对产品评估	库温记录	运输中每隔6h用温度计测定1次温度

第一节　猪场设计及环境条件控制

一、养猪场设计建设

近年来，随着大批农民进城务工，农村养猪散户大量减少，具有一定实力的投资者纷纷建造各种规模的养猪场。为使投资者以最小的投资获取最大的效益，同时也为了养猪与环境协调发展及猪肉食品的安全，建造适度规模标准化猪场是切实可行的有效途径。

（一）猪场规划的原则

（1）明确猪场的性质　原种猪场、父母代猪场还是商品猪场。

（2）适度的规模与密度　大型猪场，以存栏母猪300～600头（年产5 000～10 000头商品猪）的生产线较适合；专业户和小型猪场，当前以存养20～200头母猪或商品猪年产150～3 000头规模为宜。

(3) 科学规划　总体设计和规划要科学论证。场址选择、规模大小、生产工艺设计等，科学合理，节约投资。

(4) 提倡改“一点式”为“多点式”生产　宜将繁殖场与肥育场分开饲养。

(5) 因地制宜　注重环境和可持续发展。

(二) 猪场设计的一般原则

人畜分离，独立建圈，适度规模，沼气配套，标准化生产是现代养猪业发展的方向。

(1) 符合猪只不同生理阶段的需求　规模化猪场，一般有成年公母猪、后备公母猪、新生仔猪断乳仔猪、生长育肥猪等不同生理阶段的猪只，对猪舍的要求各异。如种公母猪使用年限长，为保证体质，应设计足够面积的圈，有条件的也可设置一定面积的户外活动区；产仔泌乳母猪及吮乳仔猪，母子同栏、同舍，除应设置足够面积的圈外，还应考虑猪舍的整体保温，同时设置专用保温区。

(2) 有利于环境控制　舍内外环境状况关系到猪只的生产性能表现。设计猪舍时应考虑到排污方便，同时在房屋圈舍的设计中，全部采用雨水污水分离、粪尿采取干湿分离，猪舍通风良好，光线充足，有利于温度、湿度和微尘的控制。猪场应当保证猪的粪便、废水及其他固体废弃物综合利用或者进行无害化处理设施正常运转，保证污染物排放达标，防止污染环境。

(3) 设计科学合理　猪舍及舍内设施是猪场的固定资产投资，投资越少，使用年限越长，所占成本份额越低经济效益越高。因此，设计要科学合理，以简单实用，坚固耐久为原则。

(4) 有利于猪疫病控制　猪舍距城区主要交通干线应有一定的距离，并要远离猪病污染源（如屠宰场、活畜市场），猪舍应设置消毒设施。地面、墙壁、圈栏建筑材料应利于清洁消毒，地面、墙壁应便于冲洗，并能耐酸、碱等消毒剂冲洗消毒。

（5）有利于防火　建猪舍时应尽量少用易燃材料，如稻草、塑料制品等，平时应备足防火用水。

（6）取用水方便　猪舍应建在水源充足、水质好（水质符合 NY5027—2001 无公害食品、畜禽饮用水水质规定）、取水方便之处。舍外如有空地，应种植树木和饲用牧草，以利于水土保持和减少热辐射。

（三）猪场场址的选择

（1）符合国家相关法律、法规的规定　猪场场址的选择应符合如《中华人民共和国动物防疫法》《中华人民共和国畜牧法》《中华人民共和国草原法》《中华人民共和国环境保护法》及各级地方人民政府的相关法规与规定。

（2）猪场环境应符合 GB/T 18407.3—2001 的规定　猪场要选在地势高、干燥，平坦（在丘陵山地建场的应尽量选择阳坡，坡度不超过20°），排水良好的地方，有良好的水、电、路等公用配套条件。猪舍要做到隔热、保温、通风、采光性良好。空气中有毒有害气体含量应符合 NY/T 388—1999 的规定。粪尿污水排放应达到环保要求。

（3）应位于居民区当地常年主风向下风处，畜禽屠宰场、交易市场的上风向　猪场周围3km 以内无化工厂、采矿厂、皮革厂、肉品加工厂、屠宰场等污染源。猪场距干线公路、铁路500m 以上，背风向阳，空气流通，交通便利，距离城镇、居民区和公共场所 1km 以上。猪场周围有隔离带如围栏、围墙、防疫沟或绿化带。

（4）以下地段或地区不得建场　生活饮用水的水源保护区、风景名胜区、自然保护区的核心区和缓冲区；镇居民区、文化教育科学研究区等人口集中区；环境污染严重、畜禽疫病常发区及山谷洼地等易受洪涝威胁的地段。法律、法规规定的其他禁养区域。

（四）猪场布局

（1）区划设置　按生活管理区、生产区和隔离区3个功能分区布置，各功能区之间界限明显。

（2）区域规划　生活管理区内包括工作人员的生活设施、办公设施、与外界接触密切的生产辅助设施（饲料库、车库等）。生产区内主要包括猪生产舍、测定舍及有关辅助设施。隔离区内包括诊断室、隔离舍、病死猪无害化处理和粪尿污水处理设施。

（3）区域位置　管理区位于生产区主风向的上风向及地势较高处；隔离区应位于场区的下风向及地势较低处。污水、粪便处理设施和病死猪处理设在生产区的下风向或侧风向处。

（4）区间距离　管理区与生产区建筑物间距低于20m；生产区与引种隔离区建筑物间距不低于50m。

（5）舍间距离　舍间距离不低于10m，距离围墙不低于5m。

（6）道路设置　与外界应有专用道路相连通。场内道路分净道和污道，两者应严格分开，不得交叉混用。污水排泄道与雨水排出道完全分开。干粪与尿完全分开，分别处理。推荐实行小单元饲养，实施“全进全出制”饲养工艺；饲养区内不应饲养其他动物。

（五）圈舍设计

（1）猪舍建筑　猪舍的建筑以猪只舒适及饲养方便为原则，猪舍内径宽8～10m，距地面1.2～1.5m处，间隔3～4m安装（1.2×1.5）m^2窗子1个，入舍门口设置（1×1）m^2消毒池1个，饲料通道宽1.5～1.8m，污道0.8～1.2m，粪沟宽0.3m。

（2）猪舍面积　根据体重大小、强弱分群饲养，种公猪8～

$10m^2$/头，种母猪 6 ~ $8m^2$/头，仔猪 0.5 ~ $0.6m^2$/头，育肥猪 0.8 ~ $1.0m^2$/头，推荐使用高床分栏饲养工艺。猪舍温度、湿度、环境应满足不同生理阶段猪的需求。

（六）配套设施

猪场应设有废弃物储存设施，防止渗漏、溢流。有与其饲养规模相适应的生产场所和配套的生产设施如产仔栏、仔猪保育栏、怀孕母限位栏，喷雾器、清洗机、火焰消毒器、煮沸消毒器、高压灭菌器、紫外线灯、通风换气机等；有为其服务的畜牧兽医技术人员；具备法律、行政法规和国务院畜牧兽医行政主管部门规定的防疫条件；有对畜禽粪便、废水和其他固体废弃物进行综合利用的沼气池等设施或其他无害化处理设施。

二、猪场环境质量要求与控制技术

规模化养猪的生产效益，既取决于猪本身的健康状况、遗传性能和生产水平，又取决于饲喂饲料的数量和质量，同时也取决于猪所处的生存和生产环境。

（一）温度

适宜的温度对猪的生长发育非常重要，温度过低、过高都影响猪的饲料的消耗和增重。猪的饲养适宜温度范围，取决于猪的品种、年龄、生理阶段、饲养条件等多种因素。一般猪舍的适宜温度，仔猪出生后 1 ~ 3 日龄保持 30 ~ 32℃，4 ~ 7 日龄需要 28 ~ 30℃，哺乳仔猪为 25 ~ 30℃，生长猪 20 ~ 23℃，成年猪 15 ~ 18℃，产房的温度不能超过 25℃。夏季气温过高不仅影响猪的采食和增重，而且可能导致中暑直至死亡，故必须采取降温措施，如在地面喷洒凉水、圈外搭凉棚、设置洗浴池、通风、供足水等、以防止中暑。

（二）湿度

一般要求猪舍为无采暖设备的密闭式，公猪、母猪、幼猪适宜的相对湿度为65%～75%，肥育猪为75%～80%；有采暖设备的相应降低5%～8%。湿度过大或过小，均可减弱猪的抵抗力，易得皮肤病和呼吸道病，对生长发育和产仔都不利。因此，猪舍的湿度一般控制在50%～70%为宜。

（三）气流

舍内空气的流动量与流动速度对猪的生存和生产都有直接影响。热天，它有利于猪体散热；冷天，它增强了肌体散热，加重了寒冷对猪的威胁，增加能量消耗，使生产力下降。故舍内气流速度以每秒0.1～0.2m为宜。据此，夏天应充分进行对流通风（贼风除外），如打开猪舍窗户或使用排风扇等，以加速猪体散热。冬天在寒冷的气温条件下，即使密闭式猪舍也应保持相当的气流，以使舍内的温度、湿度与空气保持合理稳定，有利于将污浊的气体排出舍外。

（四）有害气体

猪的呼吸、排泄以及排泄物的腐化分解，不仅使舍内空气中的氧分减少，二氧化碳增加，而且产生了氨气、硫化氢、甲烷等有毒有害气体。从科学角度出发，要求舍内二氧化碳的含量不得超过0.15%，氨气含量最高限为0.0026%，硫化氢含量不得超过0.001%。因此，应适当的通风换气，保证空气新鲜，以免影响猪的食欲、健康和生长，引起呼吸系统和消化系统疾病。通风换气应安排在猪吃食活动最旺盛的时候，平时定时开关抽风机换气。

（五）噪声

噪声对猪的休息、采食、增重等都有不良影响，高强度的噪声对猪的健康和生产性能的影响更为严重。突然的噪声可使猪受惊，狂奔，发生创伤，跌伤，碰坏某些设备，母猪受胎率下降，流产、早产现象增多，猪只死亡率提高，对于应激敏感猪影响更为严重。一般要求养殖场内的噪声不得超过85分贝。现代工厂化养猪应选用噪声小或带有消声器的机械设备，有条件的在猪舍内放轻音乐更好。

（六）圈养密度

经济合理的饲养密度不但可以降低养殖成本，还可以减少猪只引发恶癖，如随地排便、咬尾、咬耳等问题的发生，保证卫生安全。为了防寒和降暑，冬季可适当提高饲养密度，夏季可降低密度。同批断乳的仔猪年龄差异不要超过一周，最好是一窝一栏。饲养到20～25kg左右需要转群时，地板式密度按0.5m^2/头，条状式地面按0.3m^2/头。肥育舍每群不宜过大，宜15～20头/栏。根据气候，圈舍条件，密度宜为中猪0.8m^2/头，大猪0.8～1.2m^2/头。

第二节　猪的饲养标准和营养需要

一、猪的饲养标准

猪的饲养标准是指猪在一定生理生产阶段，为达到某一生产水平和效率，每头每日供给的各种营养物质的种类和数量或每千克饲料中各种营养物质含量或百分比。它加有安全系数（高于最低营养需要），并附有相应饲料成分及营养价值表。

饲养标准的用途主要是作为配合日粮、检查日粮以及对饲料厂产品检验的依据。它对于合理有效的利用各种饲料资源、提高配合饲料质量、提高养猪生产水平和饲料效率、促进整个饲料行业和养殖业的快速发展具有重要作用。

二、猪的营养需要

猪的营养需要是指保证猪体健康和充分发挥其生产性能所需要的饲料营养物质数量，可分为维持需要和生产需要。

（一）维持需要

猪仔处于不进行生产，健康状况正常，体重、体质不变时的休闲状况下，用于维持体温、呼吸、循环与酶系统的正常生命活动的营养需要，称为维持需要或维持营养需要。

（二）生产需要

猪消化吸收的营养物质，除去用于维持需要，其余部分则用于生产需要。猪的生产需要分为妊娠、泌乳、生长需要几种。

1. 妊娠需要

妊娠母猪的营养需要，系根据母猪妊娠期间的生理变化特点，即妊娠母猪子宫及其内容物增长、胎儿的生长发育和母猪本身营养物质能量的沉积等来确定。其所需要营养物质除维持本身需要外，还要满足胚胎生长发育和子宫、乳腺增长的需要。母猪在妊娠期对饲料营养物质的利用率明显高于空怀期，在低营养水平下尤为显著。据实验：妊娠母猪对能量和蛋白质的利用率，在高营养水平下，比空怀母猪分别提高 9.2% 和 6.4%，而在低营养水平下则分别提高 18.1% 和 12.9%。但是怀孕期间的营养水平过高或过低，都对母猪繁殖性能有影响，特别是过高的能量水平，对繁殖有害无益。

2. 泌乳需要

泌乳是所有哺乳动物特有的机能、共同的生物学特性。母猪在泌乳期间需要把很大一部分营养物质用于乳汁的合成，确定这部分营养物质需要量的基本依据是泌乳量和乳的营养成分。

母猪的泌乳量在整个泌乳周期不是恒定不变的，而是明显地呈抛物线状变化的。即分娩后泌乳量逐渐升高，泌乳的 18～25d 为泌乳高峰期，到 28d 以后泌乳量逐渐下降。即使此时供给高营养水平饲料，泌乳量仍急剧下降。猪乳汁营养成分也随着泌乳阶段而变化，初乳各种营养成分显著高于常乳。常乳中脂肪、蛋白质和水分含量随泌乳阶段呈增高趋势，但乳糖则呈下降趋势。另外，母猪泌乳期间，其泌乳量和乳汁营养成分的变化与仔猪生长发育规律也是相一致的。例如，在 3 周龄前，仔猪完全以母乳为生，母猪泌乳量随仔猪增大、吃乳量增加而增加；4 周龄开始，仔猪已从消化乳汁过渡到消化饲料，可从饲料中获取部分营养来源，于是母猪产乳量亦开始下降。母猪泌乳变化和仔猪生长发育规律是合理提供泌乳母猪营养的依据。

3. 种公猪的营养需要

饲养种公猪的基本要求是要保证种公猪有健康的体格、旺盛的性欲和良好的配种能力，精液的品质好，精子密度大、活力强、能保证母猪受孕。确定种公猪的营养需要的依据，主要是种公猪的体况、配种任务和精液的数量与质量。能量不能过高或过低，以保持公猪有不过肥或过瘦的种用体况为宜。营养水平过高，会使公猪肥胖，引起性欲减退和配种效果差的后果；营养水平过低，特别是长期缺乏蛋白质、维生素和矿物质，会使公猪变瘦。饲料的消化能不得低于 12.5～13.5 兆焦/千克（MJ/kg），蛋白质应占日粮 18% 以上，并且注意适当地补充生物性蛋白质，如鱼粉、蚕蛹、肉骨粉或鸡蛋等。非配种季节，饲粮中蛋白质水平不能低于 13%，饲粮的消化维持在 13MJ/kg 左右。

4. 生长需要

生长需要主要指断乳到体成熟阶段的猪。从猪生产和经济角度来看，生长猪的营养供给在于充分发挥其生长优势，为产肉及以后的繁殖奠定基础。因此，要根据生长猪生长、肥育的一般规律，充分利用生长猪早期增重快的特点，供给营养价值完善的日粮。

（三）猪对营养物质的具体需要

猪在不同的生理状况下，所需要的营养物质及能量的数量不同。营养过多不仅浪费饲料，还会给猪身体带来不良影响；过少会影响猪生产性能的发挥，还会影响其健康。

1. 能量需要

猪体内各种生理活动都需要能量，如果缺乏能量，将使猪生长缓慢，体组织受损，生产性能降低。猪所需能量来自饲料中的3种有机物质，即碳水化合物、脂肪和蛋白质。其中，碳水化合物是能量的主要来源，富含碳水化合物的饲料如玉米、大麦、高粱等，都含有较高的能量。一般情况下，猪能自动调节采食量以满足其对能量的需要。但是，猪的这种自动调节能力也是有限度的，当日粮能量水平过低时，虽然它能增加采食量，但因消化道的容量有一定的限度而不能满足其对能量的需要；若日粮能量过高，谷物饲料比例过高，则会出现大量易消化的碳水化合物由小肠进入大肠，从而增加大肠的负担，出现异常发酵，引起消化紊乱，甚至发生消化道疾病。同时，日粮中能量水平偏高，猪会因脂肪沉积过多而造成肥胖，降低瘦肉率，影响公、母猪的繁殖机能。

2. 蛋白质需要

蛋白质是生命的基础。猪的一切组织器官如肌肉、神经、血液、被毛、甚至骨骼，都以蛋白质为主要组成成分，蛋白质还是某些激素和全部酶的主要组成成分。猪生产过程中和体组织修补与更新需要的蛋白质全部来自饲料。蛋白质缺乏时，猪体重下降，生长受阻，母猪发情异常，不易受胎，胎儿发育不良，还会产生弱胎、死胎，公猪精液品质下降等现象；但蛋白质过量，不仅浪费饲料，还会引起猪消化机能紊乱，甚至中毒。因此，应合理搭配饲料，在保障蛋白质营养供应的同时，避免蛋白质营养的过剩。在猪饲料蛋白质供给上还应注意必需氨基酸和蛋氨酸等限制性氨基酸的供给量。饲料中必需氨基酸不足时，可通过添加人工合成的氨基酸，使氨基酸平衡，提高日粮的营养价值。

3. 脂肪需要

脂肪是猪能量的重要来源。尤其是脂肪酸中的十八碳二烯酸（亚麻油酸）、十八碳三烯酸（次亚麻油酸）和二十碳四烯酸（花生油酸）对猪（特别是幼猪）具有重要的作用。因其不能在猪体内合成，必须由饲料脂肪供给，故又称之为必须脂肪酸。缺乏时会发生生长发育不良现象。此外，饲料中的脂溶性维生素（维生素 A、维生素 D、维生素 E、维生素 K）必须溶于脂肪中，才能被猪体吸收和利用。一般认为，猪日粮中应含有 2% ~5% 的脂肪，这不仅有利于提高适口性，利用脂溶性维生素的吸收，还有助于增加皮毛的光泽。

4. 碳水化合物需要

猪饲料中最重要的碳水化合物是无氮浸出物和粗纤维。无氮浸出物主要主要由淀粉构成。

（1）淀粉需要　淀粉主要存在于谷物籽实和根、块茎如马铃薯等中，很容易被消化。淀粉被食入后，在各种酶的作用下，最后转化成葡萄糖而被机体吸收利用。

（2）粗纤维需要　猪对粗纤维的消化能力比其他草食家畜要低些，但粗纤维对猪消化过程具有重要意义。粗纤维在保持消化物的稠度、形成硬粪以及在消化运转过程中起着一种物理作用，同时粗纤维也是能量的部分来源。粗纤维供给量过少，可使肠蠕动减缓，食物通过消化道的时间延长。低纤维日粮可引起消化紊乱、采食量下降，产生消化道疾病，死亡率升高；日粮中粗

纤维含量过高，使肠蠕动过速，营养浓度下降，则仅能维持猪较低的生产性能。一般仔猪和生长育肥猪日粮中粗纤维含量不宜超过4%，母猪可适当增加，但也不要超过7%。

5. 无机盐需要

无机盐是猪体组织的主要成分之一，约占成年体重的5.6%。无机盐的主要功能是形成体组织和细胞，特别是骨骼的主要成分；调节血液和淋巴液渗透压，保证细胞营养；维持血液酸碱平衡，活化酶和激素等，是保证幼猪生长、维持成年猪健康和提高生产性能所不可缺少的营养物质。

猪所需要的无机盐，按其含量可分为常量元素（占体重0.01%以上）和微量元素（占体重0.01%以下）2种。猪需要的常量元素主要由钙、磷、钠、氯、钾、镁、硫等；微量元素主要有铁、铜、锌、钴、锰、碘、硒等。

猪体内无机盐的主要来源是饲料。据测定，豆科牧草中含有丰富的钙，谷物籽实中含有足量的磷。所以，在正常饲养条件下，均可满足钙、磷的需要量。由于植物性饲料中的钠、氯含量很低。因此，必须补充食盐。据测定，猪的常用饲料中富含钾、镁、硫、铁、铜、锌、钴等元素，所以，一般情况下不会发生缺乏症。

6. 维生素需要

维生素是一类低分子有机化合物，它既不能提供能量，也不是动物体的构成原料。饲料中含量甚微，动物需要量极少，但生理功能却很大。维生素的主要功能是调节动物体内各种生理机能的正常进行，参与体内各种物质的代谢。维生素缺乏时，会导致新陈代谢紊乱，生长发育受阻，生产性能下降，甚至发病、死亡。猪所需要的维生素，根据其溶解性质分为两大类。一类是溶于脂肪才能被机体吸收的称脂溶性维生素，包括维生素 A，维生素 D、维生素 E、维生素 K 等，在猪日粮中均需从饲料中获得；另一类是溶于水中才能被机体吸收的称水溶性维生素，即 B 族维生素和维生素 C。

7. 水需要

水是猪体内各器官、组织和产品的重要组成成分、猪体的 3/4 是水，初生仔猪的机体水含量最高，可达 90%，体内营养物质的输送、消化、吸收、转化、合成及粪便的排出，都需要水分；水还有调节体温的作用，也是治疗疾病与发挥药效的调节剂。实验证明，缺水将会导致消化紊乱，食欲减退，被毛枯燥，公猪性欲减退，精液品质下降，严重时可造成死亡。长期饥饿的猪，若体重损失 40%，仍能生存；但若失水 10%，则代谢过程即遭破坏；失水 20%，即可引起死亡。

正常情况下，哺乳仔猪每千克体重每天需水量为：第 1 周 200g，第 2 周 150g，第 3 周 120g，第 4 周 110g，第 5 ~ 8 周 100g。生长育肥猪在用自动饲槽不限量采食、自动饮水器自由饮水条件下，10 ~ 22 周龄期间，水料比平均为 2.56 : 1。非妊娠青年母猪每天饮水约 11.5kg，妊娠母猪增加到 20kg，哺乳母猪多于 20kg。

许多因素影响猪对水的需要量。如气温、饲料类型、饲养水平、水的质量、猪的大小等都是影响需水量的主要因素。所以，养猪必须保证猪只有优质和充足的饮水。

正确的供水方法：料水分开，喂食干料。若用自拌料喂猪，可采用湿拌料，料水比为 1 : （1 ~ 1.5），喂后供给足够的饮水。

三、日粮配合技术

日粮配合是参照猪的饲养标准，合理利用饲料，满足不同品种猪在不同年龄、生理状况、生活环境及生产条件下对各种营养物质的需要量。通过日粮配合，可以采用科学配方，应用最新的动物营养研究成果，最大限度地发挥猪的生产潜力，提高饲料转化率；可以充分根据当地农副产品等饲料资源状况，采用现代化的成套饲料设备，经过特定的加工工艺，将配合饲料中的微量成分混匀，加工成各种类型的饲料产品，保证饲料饲用的营养性和猪产品生产的安全性。

日粮配合的方法很多，常用的有试差法、正方形法、代数法及计算机法等。

1. 试差法

试差法又叫凑数法，是将各种原料，根据自己的经验，初步拟定一个大概比例，然后用各自的比例去乘该原料所含的各种养分的百分含量，再将各种原料的同种养分之积相加，计算出各种营养物质的总量。将所得结果与饲养标准进行对照，看它是否与猪饲养标准中规定的量相符。如果某种营养物质不足或多余，可通过增加或减少相应的原料比例进行调整和重新计算，反复多次，直至所有的营养指标都能满足要求。这种方法简单易学，学会后就可以逐步深入，掌握各种配料技术，因而广为利用，是目前小型企业普遍采用的方法之一。缺点是计算量大，十分繁琐，盲目性较大，不易筛选出最佳配方，成本可能较高。

试差法设计猪的全价饲料配方步骤如下：

①从猪的饲养标准中查得消化能、粗蛋白质、钙、有效磷、赖氨酸、蛋氨酸等的需要量。

②根据饲料营养成分及营养价值表查出或化验分析所用各种饲料的养分含量。可选择豆粕、玉米、麦麸、棉籽粕、磷酸氢钙、食盐、石粉等。

③根据实践经验初步拟定饲粮中各种饲料的比例，并计算出所达到的营养水平。如玉米62%左右，豆粕15%左右，麦麸

15%左右，棉籽粕5%左右，石粉1%，磷酸氢钙0.5%，食盐0.3%，预混料1%。

④调整配方，使能量和蛋白质符合饲养标准规定量。采用的方法是降低配方中某一饲料的比例，同时增加另一饲料的比例，二者增减数相同。

⑤计算调整后的配方中钙、磷、赖氨酸、蛋氨酸等与标准的差额，可调整磷酸氢钙及石粉用量，不足的赖氨酸和蛋氨酸可由相应的添加剂来补充。

⑥列出配方及主要营养指标。

料（如石粉）补足；氨基酸不足时，以合成氨基酸补充。

2. 对角线法

对角线法又称四角法、方形法、交叉法或图解法。在饲料原料种类不多及考虑营养指标少的情况下，选用次方法，较为简便。在采用多种类原料及符合营养指标的情况下，亦可采用本法。但其缺点是计算要反复进行两两组合，比较麻烦，而且不能使配合日粮同时满足多项营养指标，且应注意应用此法时，2种饲料养分含量必须分别高于和低于所求的数值。例如，用玉米、豆粕为主给体重35~60kg的生长育肥猪配制饲料。步骤如下。

①查饲养标准或根据实际经验及质量要求制定营养需要量，35~60kg生长肉猪要求饲料的粗蛋白质一般水平为14%。经取样分析或查饲料营养成分表，设玉米含粗蛋白质为8%，豆粕含粗蛋白质为45%。

②作十字交叉图，把混合饲料所需要达到的粗白质含量14%放在交叉处，玉米和豆粕的粗蛋白质含量分别放在左上角和左下角；然后以左方上、下角为出发点，各向对角通过中心作交叉，大数减小数，所得的数分别记在右上角和右下角。

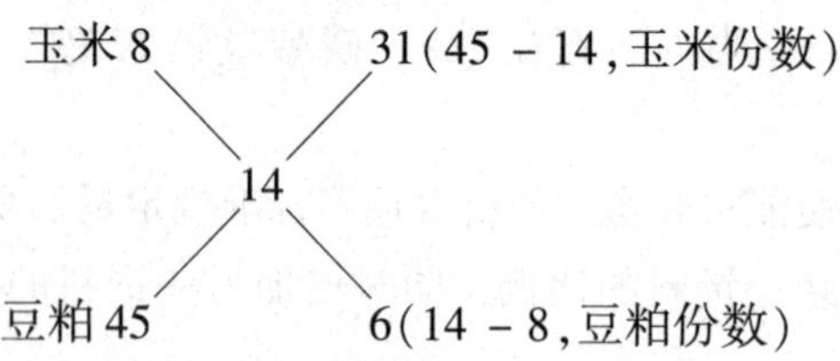

③上面所计算的各差数，分别除以这两个差数的和，得到两种饲料混合的百分比。

玉米应占比例 =31/（31 +6）×100% =83.78%

豆粕应占比例 =61/（31 +6）×100% =16.22%

因此，35 ~60kg 生长肉猪的混合饲料由玉米 83.78% 和豆粕 16.22% 组成。

3. 联立方程法

此法是利用数学上联立方程求解法来计算饲料配方，优点是条理清晰，方法简单，缺点是饲料种类多时，计算较复杂。

例 1：试用玉米，豆饼配制一个含粗蛋白质 16% 的日粮 100kg。

解：设玉米用 x kg，豆饼用 y kg，根据已知条件可建立起二元一次方程组：$x+y=100$；$0.085x+0.456y=16$

解方程组得：$x=77.34$kg；$y=22.66$kg

因此，要配制 100kg 含粗蛋白质 16% 的日粮，需用玉米 7.34kg，豆饼 22.66kg。

例 2：要配制含 16% 粗蛋白质的配合饲料，现有含粗蛋白质 10% 的能量饲料（其中玉米占 80%，麸皮占 20%）和含粗蛋白质 36% 的蛋白质浓缩料，其方法如下。

①设配合饲料中能量饲料的百分数为 X，蛋白质浓缩料的百分数为 Y% 得：$X+Y=1$　　式（1）

②能量混合料的粗蛋白质含量为 10%。

补充饲料含粗蛋白质为 36%，要求配合饲料含粗蛋白质为 16%。

得：$10\%X + 36\%Y = 16\%$ 式（2）

③列联立方程：

$X + Y = 1$ 式（1）；$10\%X + 36\%Y = 16\%$ 式（2）

④求解：

得：$X = 80.77\%$

$Y = 19.23\%$

⑤求能量饲料中玉米、麸皮在配合饲料中所占的比例：

玉米占比例 = 80.77% ×80% = 64.62%；麸皮占比例 = 80.77% ×20% =16.15%

因此，配合饲料中玉米、麸皮和蛋白质浓缩料分别占 64.62%、16.15% 和 19.23%。

4. 计算机法

上述试差法、方形法和代数法的共同优点是方法简单易算，不要求较深的数学知识，通俗易懂。但是其最大缺点是计算步骤烦琐、费时，只有在原料数量营养指标少时才较适用。但随着科学化养猪的不断扩大，集约化程度越来越高，要求用的原料数量和营养指标越来越多，特别是微量元素和添加剂的加入，使饲料配方设计越来越困难，因此，应用传统的手工计算法很难达到要求。运用电子计算机计算饲料配方是解决多种原料，满足多项营养指标、用最低成本配出最佳饲料配方的现代计算技术。由于用电子计算机设计饲料配方，要求有一定的数字基础和计算机知识。这里不再详细介绍。

第三节 饲料的加工及饲喂

一、养猪常用饲料的选择

猪常用饲料有能量饲料、蛋白质饲料、青饲料、粗饲料、矿物质饲料和饲料添加剂。

（一）能量饲料

能量饲料是指干物质中粗纤维含量低于18%，粗蛋白质含量低于20%的饲料，其营养特性是含有丰富的易于消化的淀粉，是猪所需要能量的主要来源。但这类饲料蛋白质、矿物质和维生素的含量低。主要包括禾谷类籽实及其加工副产品、淀粉质的块根块茎等。

1. 禾谷类籽实

禾谷类籽实指禾本科植物成熟的种子，包括有玉米、高粱、大麦、燕麦、小麦、稻谷和小米等。

禾谷类籽实的共同特点是可利用能值高，这类饲料含有丰富的无氮浸出物，占干物质的70%～80%，其中主要是淀粉，占80%～90%；粗纤维含量低（2%～6%），因而禾谷类籽实消化率很高，消化能大都在13MJ/kg以上；蛋白质含量低，蛋白质含量平均在10%左右（7%～13%），氨基酸不平衡，特别是赖氨酸、蛋氨酸含量较低，品质差，单独使用该类饲料不能满足猪对蛋白质的需求。由于该类饲料在全价配合饲料中占有很大的比例，故其蛋白质含量和品质对全价料中蛋白质的量和质都有较大的影响；矿物质含量不平衡，缺钙（一般低于0.1%），磷高（达0.3%～0.5%），但主要是植酸磷，利用率低，并干扰其他矿物质元素的利用，钙磷比不适宜；维生素含量不平衡，维生素

B_1、烟酸和维生素 E 较丰富，缺乏维生素 B_2、维生素 D 和维生素 A（除黄玉米外）。

（1）玉米 玉米是能量饲料中用量最大、应用范围最广的一种饲料原料，产量高，能值高，消化率高，适口性好，对任何动物都无毒副作用，具有饲料之王的美称。玉米的营养特性如下。

①可利用能值高。玉米富含可溶性无氮浸出物（74%～80%），且主要是易消化的淀粉，脂肪含量高达 3.5%～4.5%，粗纤维含量低，仅 2% 左右。因而能值较高，且易于消化，消化率可高达 90% 以上，消化能为 14.27MJ/kg；

②脂肪含量高。脂肪含量达 3.5%～4.5%，其中亚油酸 59%，油酸 27%，硬脂酸 0.8%，花生油酸 0.2%。由于猪日粮中玉米含量一般在 50% 以上，所以可完全满足猪对亚油酸的需要；

③蛋白质含量低、品质差。玉米蛋白质含量低，仅 7%～9%，品质差，缺乏赖氨酸和色氨酸；

④矿物质和维生素不平衡。玉米含钙少、磷多，但植酸磷占 50%～60%。铁、铜、锰、锌、硒等微量元素含量也较低。黄玉米含有丰富的胡萝卜素和维生素 E，维生素 D 和维生素 K 缺乏，维生素 B_1 较多，维生素 B_2 和烟酸较少。

需要注意的是，玉米籽实不易干，含水量高的玉米容易发霉，尤以黄曲霉菌和赤霉菌危害最大。另外，玉米含脂肪多，并且不饱和脂肪酸所占比例大，粉碎后易酸败变质、发苦，口味变差，不易久贮，夏季粉碎后宜在 7～10 天内喂完。

（2）小麦 小麦很少用作饲料，但在某些地区、某些年份，小麦的价格明显低于玉米时，可用作饲料。

小麦的营养特性主要为含有效能值高，消化能为 14.18

MJ/kg，接近玉米，蛋白质含量8%～16%，在禾谷类籽实中属于高的。小麦营养价值相当于玉米的100%～105%。

需要注意的是，小麦含有多种抗营养因子，主要是非淀粉多糖（β-葡聚糖、阿拉伯木聚糖等）。非淀粉多糖不易被畜禽肠道的消化酶消化，并且增加消化道内容物黏性，限制胃肠道消化酶的分泌，影响肠道中微生物菌群的正常状态，从而降低动物的采食量，抑制生长。因此，在猪日粮中用小麦代替部分玉米应注意比例，一般乳仔猪30%～50%，生长猪50%～70%，育肥猪70%～100%。如果用小麦全部代替玉米或比例较高时，必须添加小麦酶（木聚糖酶）。以高活性、高含量的木聚糖酶为主的复合酶制剂才是真正的小麦专用酶。

（3）大麦　多带皮磨碎，粗纤维含量较高，其营养价值相当于玉米的90%左右。大麦含蛋白质较多，为11%～12%，品质也较好，脂肪含量低，喂育肥猪可获得白色硬脂的优质猪肉。

（4）高粱　营养成分比玉米略低，其价值相当于玉米的70%～95%，蛋白质品质稍差，缺乏胡萝卜素。另外使用高粱需注意其中含有单宁，有涩味，适口性差，喂量过多，易引起便秘，但对仔猪非细菌病毒性拉稀有止泻作用。

（5）稻谷　稻谷含有谷壳，粗纤维含量较高，其营养价值仅为玉米的80%～85%。稻谷去壳喂糙米，糙米去米糠为大米。加工过程中留存在2mm圆孔筛以上，不足正常整米的2/3的米粒称为大碎米；通过直径2mm圆孔筛，留存在直径1mm圆孔筛以上的碎米称为小碎米。糙米、碎米的营养价值接近玉米。

2. 糠麸类

（1）小麦麸　即麸皮。有小麦的种皮、糊粉层与少量的胚和胚乳组成，其营养价值因面粉加工工艺不同而异。小麦籽实由胚乳（85%）、种皮和糊粉层（13%）及麦胚（2%）组成，在面粉生产过程中，不是全部胚乳都可转入到面粉中。上等面粉只有85%左右的胚乳转入面粉，其余的15%与种皮、胚等混合组成麸皮的成分，这样的麸皮占籽实重的28%左右，故每100kg小麦可生产面粉72kg，麸皮28kg，这种麸皮的营养价值较高。如果面粉质量要求不高，不仅胚乳在面粉中保留较多，甚至糊粉的一部分也进入面粉，则生产的面粉较多，可达84%，而麸皮产量较少，仅16%，这样，面粉与麸皮两方面的营养价值都降低。

麸皮的种皮和糊粉层粗纤维含量较高，达8.5%～12%，营养价值较低，因而，麸皮的能值较低，消化能约为10.5～12.6MJ/kg；麸皮的粗蛋白质含量较高，达12.5%～17%，其质量也高于麦粒，含赖氨酸高达0.67%；B族维生素含量丰富；含钙少磷多。

麸皮容积较大，可调节饲粮营养浓度；具有清泻作用，适宜喂母猪，可调节消化道功能，防止便秘，一般喂量为5%～25%。因麸皮中含有较高的阿拉伯木聚糖，如喂量超过30%，将引起排软便；吸水性强，大量干喂也可引起便秘。

（2）米糠　米糠是糙米加工成白米时分离出的种皮、糊粉层与胚3种物质的混合物，与麦麸情况一样，其营养价值视白米加工程度不同而异。米糠的蛋白质含量较高，为12%左右；脂肪含量高，且多为不饱和脂肪酸，易氧化酸败，不宜贮藏。含丰富的B族维生素。含钙少磷多。喂量一般不超过30%，育肥猪喂量过多易引起软质肉质，幼猪微量过多易引起腹泻。

米糠榨油后的产品称为脱脂米糠，也叫糠饼，脂肪含量低，能值下降。

稻壳粉（砻糠）和少量米糠混合称为统糠。常见的有“二八糠”和“三七糠”，即米糠与稻壳粉的比例分别为 2∶8 和 3∶7，统糠属于粗饲料，不适宜喂猪。

3. 淀粉质块根块茎类

淀粉质块根块茎类主要有甘薯（山芋）、马铃薯（土豆）等，曾被列入多汁饲料，但含水量比多汁饲料少，约为 70% ~ 75%；粗纤维含量低，占干物质 4% 左右；钙含量较低。

（1）甘薯　甘薯别名红薯、山芋、番薯和地瓜等。甘薯经济用途广泛，既是重要的粮食作物，又是畜禽的良好饲料，还是我国淀粉工业、食品工业的重要原料。

甘薯一般含干物质 27%，高者可达 33%，干物质中淀粉占 40%；蛋白质较低，仅 4% 左右，品质也较差；粗纤维 2.8%，能值较高，矿物质和微量元素较低；含 β 胡萝卜素。

生甘薯含有胰蛋白酶抑制因子，会阻碍蛋白质的消化，加热可破坏。有黑斑病的甘薯不要喂猪，以防中毒。

（2）马铃薯　马铃薯别名土豆、洋芋、山药蛋等。马铃薯含干物质 17% ~ 26%，其中 80% ~ 85% 是无氮浸出物，淀粉占干物质的 70%，消化能 12.30MJ/kg，粗蛋白质为 9.0%，但非蛋白氮占 1/2 左右。除胡萝卜素外，其余维生素和微量元素高于玉米。

新鲜马铃薯消化率低，煮熟后消化率很高。马铃薯含有茄素（龙葵精），是有毒物质，成熟马铃薯每 100g 含 2 ~ 10mg，但日晒变绿后茄素含量倍增，可使猪中毒。

（3）木薯　木薯别名树薯，成分以淀粉为主，约为 80%，消化能 13.10MJ/kg，有效能可与玉米、糙米相比，蛋白质含量低，只占干物质的 3% 左右，品质差，尤其缺乏赖氨酸和蛋氨酸；灰分中钙多磷少，维生素和微量元素含量低。

木薯含亚麻苦苷和百脉根苷 2 种生氰葡萄糖苷，该物质可被木薯自身存在的酶或动物消化酶降解生成氢氰酸，氢氰酸具有剧毒，因此，饲喂猪木薯时应给予注意。

(4) 胡萝卜 胡萝卜别名红胡萝卜、黄萝卜和丁香萝卜等，肉质有紫色、红色、橙色、黄色和白色等。胡萝卜含有丰富的胡萝卜素，一般含量为 50～100mg/kg，是补充维生素 A 的极好来源，另外磷盐、钾盐和铁盐含量丰富，是猪的良好多汁饲料。

4. 其他能量饲料

(1) 乳清粉 乳清是鲜乳制造乳酪的副产品，乳清脱水干燥的乳清粉。依据乳酪生产工艺不同，乳清粉可分为甜乳清粉和酸乳清粉，甜乳清粉是酵素凝结牛乳制造切达乳酪的副产品，主要用于猪饲料；酸乳清粉是制造乡村乳酪的副产品，在猪饲料中用量较少。

典型的乳清粉含有 70% 左右的乳糖，12% 左右的蛋白质，低蛋白乳清粉含有 80% 左右的乳糖，2%～4% 的蛋白质。乳清中的主要蛋白质是 β 一乳球蛋白（56%～60%）、α 一乳白蛋白（18%～24%）、牛血清白蛋白（6%～12%）。这些特殊的蛋白质不但可作为氨基酸源，也是抵抗微生物感染的防御物质还是生长因子和调节剂的来源。

对早期断乳仔猪，乳清粉具有较高的饲用价值。仔猪的乳糖酶活性高，其他碳水化合物酶的活性低，能很好的利用乳糖；乳糖还具有促进乳酸杆菌繁殖的作用，可抑制大肠杆菌等有害菌的生长繁殖，有利于肠道微生物菌群的平衡，减少仔猪腹泻。在乳猪饲粮中添加乳清粉，可以改善适口性，提高采食量，促进生长，提高饲料效率。

(2) 蔗糖 蔗糖是一种二糖，由一分子葡萄糖和一分子果糖构成，能值为 6.5MJ/kg，不但可以提供能量，更主要的是可增加饲料甜度，改善适口性，提高猪的采食量和日增重。但乳猪蔗糖酶分泌不足，饲料中蔗糖含量不宜过高。

（二）蛋白质饲料

蛋白质饲料是指干物质中粗纤维含量小于18%，粗蛋白质含量大于等于20%的饲料，包括豆科籽实、油饼粕类、糟渣类、动物性蛋白类和单细胞蛋白类。

1. 豆科籽实

豆科籽实包括大豆、黑豆、蚕豆、豌豆等，其特点是蛋白质含量高（20%～40%），品质优良，但含有多种有毒有害的抗营养因子。如大豆含有胰蛋白酶抑制因子、植物性红细胞凝集素、皂苷、胃肠胀气因子、植酸、致甲状腺肿物质和类雌激素因子等，其中最主要的是胰蛋白酶抑制因子，它存在于多种植物中，特别是豆科植物，但以大豆中的活性最高。其有害作用主要是抑制某些酶对蛋白质的消化，降低蛋白质的消化利用率，引起胰腺重量增加，抑制猪的生长。

（1）大豆　大豆又称黄豆，是双子叶植物，大豆属一年生草本植物，根据种皮颜色可分为黄大豆（约占63%）、黑大豆（约占14%）、青大豆、其他大豆和饲用大豆。大豆由种皮、胚乳和胚组成，胚包括子叶、胚芽、胚轴和胚根。各部分比例与谷物籽实不同，子叶特大，占90%，种皮占8%，胚芽、胚轴和胚根占2%。

大豆蛋白质含量高，一般在35%左右，主要由球蛋白（63%）、清蛋白（12%）和谷蛋白（8%）组成。大豆蛋白品质较高，必需氨基酸占总氨基酸的比例较大，约43%，尤其是赖氨酸含量高，各氨基酸比例比较理想；脂肪含量高，一般17%左右，因而能值较高，属高能高蛋白质饲料，脂肪中约85%为不饱和脂肪酸，亚油酸和亚麻酸含量较高，且含有一定量的大豆磷脂，是一种天然的表面活性剂和生物活性物质，具有乳化脂肪的作用，有利于动物对脂肪的消化吸收，尤其是仔猪，也可改善猪对脂溶性维生素的利用；含无氮浸出物26%左右，其中蔗糖27%，水苏糖16%，半乳聚糖22%，半乳聚糖等可结合形成粘性的半纤维素，影响大豆的消化利用，淀粉在大豆中含量很少，粗纤维含量也不高，仅4%左右。

大豆中的抗营养因子主要有胰蛋白酶抑制因子、大豆凝集素、大豆抗原、植酸和胃肠胀气因子等。胰蛋白酶抑制因子存在于大豆的子叶中，约占大豆蛋白的6%，如果用生大豆饲喂幼猪，会降低营养物质消化率，引起拉稀和严重的生长抑制；大豆凝集素是一种能凝集红细胞的蛋白质，有A、B、C、D 4种，不耐热，脱脂豆粕中含3%左右，它主要作用于小肠细胞表面特定受体，损坏小肠壁刷状缘膜结构，干扰消化酶的分泌，抑制肠道对营养物质的消化吸收，使蛋白质利用率下降，内源存留氮减少或引起仔猪腹泻、体增重及饲料利用率下降；大豆中的主要抗原成分有4种，分别是大豆球蛋白、α－伴球蛋白、β－伴球蛋白和γ－伴球蛋白，对断乳仔猪而言，大豆蛋白中引起超敏反应的主要抗原成分为大豆球蛋白和β－伴球蛋白，主要引起断乳仔猪的消化道过敏反应，表现为肠绒毛萎缩，腺窝细胞增生，肠道吸收功能降低等，从而导致仔猪腹泻及生长受阻；大豆中含有一定量的植酸，会干扰矿物质和其他养分的吸收，豆粕中的磷仅有1/4～1/3可被猪利用；大豆中的棉籽糖和水苏糖在猪的消化道中不能被消化，但可被大肠微生物发酵，产生二氧化碳和少量甲烷，从而引起肠道胀气。

（2）豌豆　豌豆又名寒豆、麦豆、毕豆和准豆，是世界第二大食用豆类。我国四川种植面积较大，其次是甘肃、陕西等省，豌豆除作食用外，产区也用作饲料。

豌豆含蛋白质16%～35%，一般为20%～24%，蛋白质中

球蛋白、清蛋白和谷蛋白分别占66%、21%和2%;; 赖氨酸和蛋氨酸含量较低，蛋白质生物学效价为48%~64%，低于大豆；含碳水化合物60%，含淀粉24%~49%，粗纤维6%左右，主要集中在果皮；含脂肪较少，一般为1.1%~2.8%，消化能为13.14MJ/kg。

豌豆含有抗营养因子，主要有胰蛋白酶抑制因子、单宁、植物凝集素、皂角苷等。

(3) 蚕豆　蚕豆又名胡豆、川豆、大豌豆和罗汉豆等，是一种重要的粮食和饲料资源。

蚕豆含蛋白质28%，范围在25%~30%，利用率在62%~82%，赖氨酸和精氨酸含量较高，蛋氨酸、色氨酸较缺乏，消化率低于大豆；含淀粉42%，粗纤维8%~9%，脂肪1.5%，消化能为12.97MJ/kg。

蚕豆中也含有抗营养因子，应熟喂。

2. 油饼粕类

饼粕类的生产技术有2种，即溶剂浸提法和压榨法。前者的副产品称为“粕”，后者的副产品称为“饼”。粕的蛋白质含量高于饼，饼的脂肪含量高于粕，并且由于压榨法的高温、高压导致蛋白质变性，特别是赖氨酸、精氨酸破坏严重，但同时也破坏了有毒有害物质。大豆饼粕是目前使用最广泛、用量最多的植物性蛋白质饲料。目前常用的是大豆饼粕、棉籽饼粕、菜籽饼粕、花生饼粕等。

(1) 豆饼粕　豆饼粕蛋白质含量高，豆饼42%以上，豆粕45%以上，品质优良，必需氨基酸含量高，组成合理，赖氨酸含量高，约2.4%~2.8%，赖氨酸与精氨酸比例约100∶130，比例较为合适，色氨酸含量较高，蛋氨酸含量较低；烟酸、泛酸含量较为丰富，胆碱含量丰富，维生素E在脂肪残存量高和储存不久的饼粕中含量较高，胡萝卜素、维生素 D、硫胺素、核黄素含量少；矿物质钙多磷少，且磷多为植酸磷；粗纤维含量较低(5%左右)；在植物性蛋白质饲料中，豆饼粕的质量最好。

大豆中的有毒有害物质，因加工条件不同而不同程度的存在于豆饼粕中，从而降低蛋白质及其他营养物质的消化吸收率，易引起猪尤其是幼猪腹泻，增重降低，饲料利用率下降。加热虽然可以破坏这些有毒有害物质，但加热过度也会导致蛋白质中某些氨基酸的破坏。

(2) 棉籽饼粕　棉籽饼粕粗蛋白含量较高，达 34% 以上，棉仁饼粕粗蛋白可达 41% ~44%。氨基酸中赖氨酸、蛋氨酸含量低，精氨酸含量高，赖氨酸与精氨酸之比在 100：270 以上；维生素 B_1 含量较多，维生素 A、维生素 D 少；矿物质中钙少磷多，其中 71% 左右为植酸磷，含硒量少；国产棉籽饼粕粗纤维含量较高，达 13% 以上，脱壳较完全的棉仁饼粕粗纤维含量约 12%。

棉籽饼粕中的抗营养因子主要是游离棉酚等，使用前必须经过脱毒处理。棉籽饼粕的用量以游离棉酚的含量而定，品质好的棉籽饼粕可代替猪饲料中 50% 大豆粕，但需要补充赖氨酸、钙、磷和胡萝卜素等。游离棉酚含量低于 0.05% 的棉籽饼粕，在生长肥育猪中可用至 10% ~20%，母猪可用至 3% ~5%，若游离棉酚含量高于 0.05%，应慎用。棉酚在畜禽体内具有较强的积累作用。

(3) 菜籽饼粕　菜籽饼粕含有较高的粗蛋白质，约 34% ~38%，氨基酸组成平衡，含硫氨基酸较多，精氨酸含量低，与赖氨酸的比例适宜，是一种良好的氨基酸平衡饲料；维生素中胆碱、叶酸、烟酸、核黄素、硫胺素等比豆饼高，但胆碱与芥子碱呈结合状态，不宜被肠道吸收；矿物质中钙、磷含量均高，但大部分为植酸磷，富含铁、锰、锌、硒，尤其是硒含量远高于豆饼；粗纤维含量较高，12% ~13%。

菜籽粕中主要存在硫葡萄糖苷及其降解产物（噁唑烷硫酮、异硫氰酸酯、硫氰酸酯等）、芥子碱、芥酸、单宁和植酸等有毒有害物质。合理使用菜籽饼粕要做到以下几点：要保证菜粕的质量，尽量选择双低菜籽粕；要设计完善的日粮配方，应以可消化氨基酸为基础配制，通过添加油脂调控日粮能量，与其他饼粕蛋白质饲料联合使用，并添加适宜的酶制剂。毒物含量高的菜籽饼粕对猪的适口性差，在肥育猪饲粮中的用量应限制在5%以下，母猪的饲粮中应低于3%，“双低”菜籽饼粕在肥育猪的日粮中可用到10%。

（4）花生饼粕　花生饼粕含粗蛋白质41%以上，能量较高，蛋白质品质低于豆饼，氨基酸不平衡，赖氨酸、蛋氨酸含量较低，分别为1.35%和0.40%左右；精氨酸含量特别高，为5.2%，是所有的植物性饲料中最高者。赖氨酸与精氨酸的比例达100∶380以上；胡萝卜素和维生素D极少；有香甜味，适口性极好。

花生仁饼（粕）中含有胰蛋白酶抑制因子，并且带壳花生饼粕粗纤维含量高，在幼畜、高产畜饲料中应少加，肥育后期少加。选购花生饼粕时应注意花生壳、土等含量不能太高，不能有酸味、霉味和焦味，不能采购发霉的花生粕。花生饼粕在贮存过程中特别容易感染黄曲霉菌，发霉的花生饼粕会含有黄曲霉菌毒素，毒性特别大，对幼猪毒害极大，因此必须存放于干燥、通风处，高温、多雨季节不能多储存。

3. 糟渣类

糟渣多为食品加工的副产品，其品种繁多，猪常用的糟渣有粉渣、豆腐渣、酱油渣、醋糟和酒糟等。由于原料和产品种类不同，各种糟渣的营养价值差异很大。主要特点是含水量高，不易贮存。按干物质计算，许多糟渣可归入蛋白质饲料，但有些糟渣的粗蛋白含量达不到蛋白质水平。

（1）粉渣　粉渣是制作粉条和淀粉的副产品，由于大量淀粉被提走，所以残留物中粗纤维、粗蛋白质和粗脂肪的含量均相应比原料大大提高。粉渣的质量好坏随原料的不同而异，以玉米、甘薯和马铃薯等为原料生产的粉渣，蛋白质含量仍较低，品质也差；以绿豆、豌豆和蚕豆等为原料生产的粉渣，粗蛋白质含量高，品质好。

无论用哪种原料制得的粉渣，都缺乏钙和维生素，如长期用来喂猪，应注意搭配能量、蛋白质、矿物质和维生素饲料，保证猪的营养平衡。

粉渣含水 85% 以上，如放置过久，特别是夏天气温高，容易发酵变酸，猪吃后易引起中毒。因此，用粉渣喂猪，越鲜越好。粉渣可晒干贮存，也可窖贮，或与糠麸、酒糟混贮，贮存时以含水量 65% ~75% 为宜。

（2）酒糟　酒糟是酿酒工业的副产品，由于大量淀粉变成酒被提取出去，所以无氮浸出物含量低，粗蛋白质等其他成分相对增高。酒糟的营养价值因原料种类而异，原料主要有高粱、玉米、大米、甘薯和马铃薯等，啤酒以大麦作原料。好的粮食酒糟和啤酒糟比薯类酒糟营养价值高 2 倍左右。但酿酒过程中常加入稻壳，使酒糟营养价值降低。

酒糟干物质含粗蛋白质 20% ~30%，蛋白质品质较差。酒糟中含磷和 B 族维生素丰富，缺乏胡萝卜素、维生素 D 和钙质，并残留部分酒精。

酒糟不易用来大量喂种猪，以免影响繁殖性能。肉猪大量饲喂易引起便秘，最好不要超过日粮的 1/3，并注意与其他饲料搭配，保持营养平衡。

酒糟含水65%～75%，如放置过久，易产生游离酸和杂醇，猪吃后易引起中毒。因此，宜用鲜酒糟喂猪或妥善保藏。一种是晒干保藏，一种是加适量糠麸，使含水量在70%左右，进行窖贮，方法同青贮。

（3）豆腐渣、酱油渣　豆腐渣和酱油渣是以大豆或豆粕为原料加工豆腐和酱油的副产品。由于提走部分蛋白质，豆腐渣和酱油渣蛋白质水平较原料低，其他成分提高。一般干渣含粗蛋白质20%～30%，品质较好。

豆腐渣含蛋白酶抑制因子，喂多了易拉稀，也缺少维生素，喂前煮熟为好。酱油渣含较多的食盐（7%～8%），不能大量喂猪，以免引起食盐中毒。

鲜豆腐渣含水80%以上，鲜酱油渣含水70%以上，易腐败变质，可晒干贮藏，或与酒糟窖贮，也可单独窖贮。

4. 动物性蛋白质饲料

动物性蛋白质饲料是鱼类、肉类和乳品加工的副产品以及其他动物产品的总称。猪常用的动物性蛋白质饲料有鱼粉、血粉、羽毛粉、肉粉、肉骨粉、蚕蛹、全乳粉、脱脂乳粉级乳清粉等。其特点是蛋白质含量高，大都在55%以上，各种必需氨基酸含量高，品质好，几乎不含粗纤维，维生素含量丰富，钙磷含量高，是一种优质蛋白质补充料。

（1）鱼粉　鱼粉是以全鱼或鱼下脚料（鱼头、鱼尾和鱼内脏等）为原料，经蒸煮、压榨、干燥和粉碎加工后制成的粉状物。

鱼粉的蛋白质含量高，从40%到70%不等，蛋白质品质好，生物学价值高，富含各种必需氨基酸；同时，鱼粉还是矿物质、维生素和未知生长因子的良好来源，是猪的良好饲料原料。

品种优良的鱼粉呈金黄色，脂肪含量不超过8%，干燥而不结块，水分不高于15%，食盐含量低于4%。鱼粉的脂肪含量高，容易氧化变质，呈黑色或咖啡色。优质鱼粉蛋白质含量在60%以上，富含胱氨酸、蛋氨酸和赖氨酸。富含B族维生素，尤以维生素B_{12}、维生素B_2含量高，还含有维生素A、维生素D和维生素E等脂溶性维生素。鱼粉是良好的矿物质来源，富含钙、磷、锰、铁、碘等，但钙磷含量过多，则说明鱼骨多，品质差。由于鱼粉价格较高，一般只用于喂幼猪和种猪，用量在10%以下。

（2）肉骨粉　肉骨粉是由不适于食用的畜禽躯体、骨头、胚胎、内脏及其他废物制成的，蛋白质含量在30%～55%，消化率在60%～80%，赖氨酸含量高，钙、磷、锰含量高，用量为猪日粮的10%左右，正常肉骨粉呈黄色，有香味，发黑而有臭味的肉骨粉不能饲用。

（3）血粉　血粉由屠宰场屠宰家畜时得到的血液经干燥制成，方法有常规干燥、快速干燥和喷雾干燥，其中以喷雾干燥获得的血粉消化率用率最高。血粉含蛋白质80%以上，但蛋氨酸、异亮氨酸和甘氨酸含量低。在猪日粮中添加一般不超过5%，在仔猪日粮中加1%～3%具有良好效果。如果干燥前将血浆与血细胞分离，制成喷雾干燥血浆粉，蛋白质含量为68%左右，赖氨酸为6.1%，在仔猪日粮中添加6%～8%，代替脱脂乳粉，能取得良好效果。

（4）羽毛粉　羽毛粉由家禽的羽毛制成，含蛋白质85%以上，含亮氨酸和胱氨酸较多，赖氨酸、色氨酸和蛋氨酸不足，含维生素B_{12}和未知生长因子。经水解处理的羽毛粉，蛋白质消化率可达80%～90%，未经处理的羽毛粉消化率很低，仅30%左右。

5. 单细胞蛋白质饲料

单细胞蛋白质饲料是指饼粕或玉米面筋等做原料，通过微生物发酵而获得的含大量菌体蛋白的饲料，包括酵母、真菌和藻类等。

目前酵母应用较广泛，一般含蛋白质40% ~80%。除蛋氨酸和胱氨酸较低外，其他各种必需氨基酸的含量均较丰富，仅低于动物蛋白质饲料。酵母富含B族维生素，磷含量高，钙较少，一般喂量为日粮的2% ~3%。

（三）青绿饲料

青绿饲料种类繁多，包括天然草地牧草、栽培牧草、蔬菜类、作物茎叶、枝叶及水生植物等。这类饲料产量高，来源广，成本低，采集方便，适口性好，养分比较全面。

青绿饲料蛋白质含量较高，一般占干物质的10% ~20%，豆科植物含量更高，蛋白质品质较好，赖氨酸含量较玉米高1倍以上。青绿饲料含有丰富的维生素及矿物质。粗纤维所含木质素少，猪易于消化。

1. 豆科青饲料

栽培的豆科青饲料主要包括苜蓿、苕子、紫云英、三叶草等。豆科青饲料除具有青饲料所有的特点外，还具有蛋白质含量较禾本科高，氨基酸较平衡，矿物质和维生素较丰富等特点，属优质青绿饲料，在养猪上如果应用适时，搭配得当，会取得良好的饲养结果。豆科青饲料营养成分的变化受生长阶段的影响较禾本科更大。

2. 禾本科青饲料

常用的禾本科青饲料主要有田间空地生长的禾本科幼嫩青草；大田间苗时的幼苗及栽培的禾本科牧草等。

其营养特点是粗蛋白质含量较豆科植物低，碳水化合物含量高，粗纤维含量高，随着植株的生长和成熟，粗纤维含量增加，粗蛋白质含量降低。

3. 蔬菜类饲料

蔬菜类饲料包括叶菜及块根、块茎和瓜类的茎叶，如青菜、白菜、干树藤、胡萝卜茎叶等。该类饲料与豆科及荷贝克青饲料相比，水分含量高达85%～97%，干物质中粗蛋白质含量较高（17.3%～25.7%），粗纤维含量低，维生素和矿物质含量比较丰富，钙含量高，钙磷比较适宜。该类饲料还具有种类多，质地柔嫩，适口性好，可利用时间长等优点，但该类饲料在调制饲喂过程中注意亚硝酸盐的产生与中毒以及草酸含量过多引起的影响。

4. 水生饲料

常用的水生饲料主要有水葫芦、水花生、水浮莲等，其营养特点是水分含量特别高，一般在90%左右，能值比较低，并容易感染蛔虫和姜片吸虫，属下等饲料。

（四）粗饲料

粗饲料是指干物质中粗纤维含量大于等于18%的饲料。包括秸秆、秕壳和干草等。该类饲料的特点是粗纤维含量高，质地粗硬，适口性差，无氮浸出物难消化；各种粗饲料的粗蛋白质含量差异很大；粗饲料中含钙量高，含磷量很少；维生素D在粗饲料中含量较丰富，其他维生素则较少，但优良干草含有较多的胡萝卜素。

1. 青干草

青干草是由青草在未结籽实前割下来干制而成。由于干制后仍保持一定绿色，故称青干草。青干草的营养价值取决于制造它们的原料种类、生物阶段及调制技术，就原料而言，豆科植物含丰富的蛋白质、矿物质和维生素。

青草的生长阶段对其营养成分影响很大。因此，晒制干燥的植物，应在产量很高和营养物质含量最丰富的时期收割。禾本科植物一般在抽穗期，豆科植物一般在孕蕾期或初花期。

优质干草的颜色为青绿色且有光泽，叶片保存较多，具有芳香气味。色泽枯黄，蛋白质及胡萝卜素含量较低。暗褐色发霉的干草不能用来喂猪。青干草喂猪前应粉碎，最好在1mm以下，一般越细越好。猪日粮中适当搭配青干草粉可以节约精料，降低饲养成本，提高经济效益，幼猪及肉猪的喂量为1%～5%，种猪为5%～10%。

2. 树叶

我国山区和半山区的多种树叶也是喂猪的好饲料。可以用来喂猪的优质树叶有榆、桑、槐、松针、柳和杨等树叶。此外，各种果树如杏、桃、梨、枣、苹果和葡萄等树叶也可用来喂猪。

树叶的特点是粗纤维含量低，粗蛋白质含量较高，但因季节不同而有一定差异。另外，树叶含有单宁，有涩味，猪不爱吃，喂多了易引起便秘。除晒干的树叶粉碎后可加入日粮喂猪外，还可用新鲜树叶或青贮、发酵后的树叶喂猪。

3. 稿秕

秸秆是农作物成熟收获籽实后的枯老茎叶；秕壳是包被籽实的硬壳、荚皮与外皮等。稿秕包括玉米秸、高粱秸，大豆秸，豌豆秸、大豆荚皮、豌豆荚、大麦皮壳、玉米芯、稻谷壳和花生壳等。这类饲料含粗纤维在30%以上，木质素含量高，不易消化，蛋白质、无氮浸出物、维生素含量低，矿物质含量高，但利用率低，所以一般不做猪饲料。

（五）矿物质饲料

1. 常规矿物质饲料

植物饲料中含有矿物质元素，但满足不了猪的需要，给猪配制日粮时还要另外补充矿物质饲料。目前需要补充的主要是食盐、钙、磷和其他微量元素。

(1) *食盐*　食盐不仅可以补充氯和钠，而且可以提高饲料适口性，一般占日粮的0.2% ~0.5%，过多可发生食盐中毒。

(2) *含钙的矿物质饲料*　主要有石粉、贝壳粉、轻质碳酸钙和白垩质等，含钙量为32% ~40%。新鲜蛋壳与贝壳含有机质，应防止变质。

(3) *含磷的矿物质饲料*　多属于磷酸盐类，有磷酸钙、磷酸氢钙和骨粉等。该类矿物质饲料既含磷，也含有钙。磷酸盐同时含氟，但含氟量一般不超过含磷量的1%，否则需进行脱氟处理。

2. 其他矿物质饲料

除上述矿物质饲料外，还有沸石、麦饭石、膨润土、海泡石等广泛应用于畜牧业。这些矿物除供给猪生长发育所必需的部分微量元素、超微量元素外，还具有独特的物理微观结构和由此而具有的某些物理、化学性质。如独特的选择吸附能力和大的吸附容积，可以吸收肠道中过量的氨以及甲烷、乙烷、丙烯、大肠杆菌和沙门氏菌的毒素等有害物质，抑制某些病原菌的繁殖；可逆的离子交换性能，满足猪对微量元素的需要；并有促进钙吸收的功用，从而增进猪的健康，提高生产性能。

(1) *沸石*　沸石是一种含水的碱金属或碱土金属的铝硅酸盐矿物，是50多种沸石族矿物质的总称。应用于猪饲料的天然沸石是斜发沸石和丝光沸石等，其中含有多种矿物质元素和微量元素。

(2) *麦饭石*　麦饭石是一种含有多种矿物质和微量元素的岩石，因其外观颇似手握的麦饭团而得名。在猪日粮中添加2%以上，可提高猪的健康与生产性能。

(3) *膨润土*　膨润土是一种黏土型矿物，属蒙脱石族，主要成分是硅铝酸盐。猪日粮中添加1%～2%，可提高猪的生产性能。

（六）饲料添加剂

饲料添加剂是指那些在常用饲料之外，为补充满足动物生长、繁殖、生产各方面营养需要或为某种特殊目的而加入混合饲料中的少量或微量物质。包括营养性饲料添加剂和非营养性饲料添加剂。

1. 营养性饲料添加剂

营养性饲料添加剂主要有微量元素添加剂、维生素添加剂和氨基酸添加剂和非蛋白氮添加剂。

（1）微量元素添加剂　即为动物补充铁、铜、锌、锰、碘和硒等微量元素的添加剂，能确保动物的正常生长，提高生产性能。主要的微量元素添加剂的产品有各种元素的硫酸盐、碳酸盐、氧化物、氯化物等无机化合物，另外还有这些元素的有机化合物，如醋酸钴、醋酸锰、醋酸锌、葡萄糖酸锰、葡萄糖酸铁、柠檬酸铁、柠檬酸锰等，蛋氨酸锌、蛋氨酸锰、蛋氨酸铁、蛋氨酸铜、蛋氨酸硒、赖氨酸铜、赖氨酸锌、甘氨酸铜、甘氨酸铁、胱氨酸硒等，钴—蛋白质化合物、铜—蛋白质化合物、碘—蛋白质化合物、锌—蛋白质化合物、铬—蛋白质化合物等。

（2）维生素添加剂　主要的产品有维生素A乙酸脂、维生素D_3乙酸脂、维生素E乙酸脂、维生素K_3、盐酸维生素B_1、硝酸维生素B_1、维生素B_2、维生素B_6、维生素B_{12}、泛酸钙、叶酸、烟酸、生物素、氯化胆碱、维生素C。

（3）氨基酸添加剂　主要产品有L－赖氨酸盐酸盐、DL－蛋氨酸、蛋氨酸羟基类似物、羟基蛋氨酸钙盐、DL-色氨酸、甘氨酸、L-苏氨酸。

（4）非蛋白氮添加剂　主要用于反刍动物合成蛋白质，节省饲料蛋白质，可以降低生产成本，提高生产力，主要的非蛋白氮添加剂的产品有尿素、缩二脲、脂肪脲、腐脲、羟甲基纤维素尿素、氨基浓缩物、磷酸脲、铵盐、液氨和氨水。

2. 非营养性饲料添加剂

非营养性饲料添加剂虽不是饲料中的固有营养成分，本身也没有营养价值，但有着特殊的明显的维护机体健康、促进生长和提高饲料利用率等作用。

(1) 保健及生长促进添加剂

①抗菌肽。近年来抗菌肽因其独特的生物活性以及不同于传统抗生素的特殊作用机理，已引起人们的广泛关注。抗菌肽成分为易于消化吸收的氨基酸，可作为饲料添加剂取代或部分取代目前饲喂动物所用的抗生素，减少抗生素对动物体的危害。抗菌肽除了具有传统抗生素的优点外，同时还有高效的抗真菌、抗病毒、原虫和抗肿瘤的活性。抗菌肽用于饲料添加剂既可以增强动物抵抗力，促进动物生长，同时还减少药物残留，是一种绿饲料添加剂。

与传统的抗生素相比，抗菌肽的活性具有广谱性、高效性、稳定性、快速杀菌能力和免疫系统的相互作用等特点，有非常广阔的开发利用前景。

②酶制剂。酶制剂的作用与抗生素和激素类物质相比，具有卓越的安全性，能显著提高饲料的利用率、促进动物生长和防治动物疾病的发生，改善动物产品品质、减少环境污染。

酶制剂从制造工艺上分可分为2类。即单一酶制剂（如蛋白酶、脂肪酶、纤维素酶、淀粉酶、果胶酶等）和复合酶制剂（如以蛋白酶和淀粉酶为主，再加上适当的脂肪酶和纤维酶类）。酶制剂具有高度专一性，酶制剂的添加效果与饲料原料、日粮组成、加工贮存温度等因素有关。饲料原料营养价值受饲料品种、来源、土壤、气候条件、饲料加工方式等影响，因而酶制剂的应用效果也不相同，一般来说，日粮营养水平越高，加酶效果越差。另外动物因素也可影响其效果，不同动物以及同一动物的不同日龄其消化生理存在差异，其使用效果也不相同。一般幼龄动物消化道发育不完善，内源性消化酶分泌可能不足，应补充淀粉酶、蛋白酶以帮助消化；而生长后期，由于日粮中低营养价值的原料含量增加，应相应补充纤维素酶、葡聚糖酶、木糖酶等以消除抗营养作用，提高饲料消化率。

③中草药及其提取物。常用中草药作为饲料添加剂大多数兼有营养与药用 2 种属性，富含蛋白质、氨基酸、维生素和微量元素等养分，不仅具有扶正怯邪、健脾开胃、抗菌促生长、增强动物免疫机能、抗氧化、改善动物产品品质等效果，而且来源广泛，价格低廉、安全方便、无毒副作用、无残留、无抗药性。

黄芪、党参、苍术等补益类中草药及其提取物用作饲料添加剂可促进动物生长，提高生产性能。健脾补气类中草药大多具有增强动物免疫功能的作用，其增强免疫的主要成分为多糖、有机酸、生物碱、苷类和挥发油类。女贞子、五味子和四君子汤具有降胆固醇等作用，因此对动物产品品质有改善作用。

(2) *食欲增进剂和品质改良添加剂*　食欲增进剂依原料的不同可分为 3 类，天然类，如茴香油、甘草精、干乳、炒全脂大豆粉等；人工合成类，如氨基酸、脂、酸、醛、酮等；复合型类，这一类是天然原料和人工合成原料调配而成。食欲增进剂可增强食欲，提高饲料的消化吸收及利用率；改善人工乳的风味；在应激或患病时提高采食量；有利于提高饲料的商品竞争力。

品质改良剂包括黏结剂、流散剂、着色剂，是为达到某一特殊目的而添加的。如制粒过程中添加的黏结剂，它可减少制粒过程中粉尘损失，提高颗粒牢固程度；流散剂的作用是使饲料和添加剂保持较好的流动性，常用的有硬脂酸钾、硬脂酸钠、硅酸钙等；着色剂主要是提高动物产品的美观性和商品价值。另外，还有一些中草药添加剂等。

(3) 饲料保藏添加剂

①抗氧化剂。指能阻止或能延迟饲料氧化，提高其稳定性和延长贮存期的一类物质。抗氧化剂通常用来保护饲料中易氧化的成分，如保护脂肪和油中不饱和脂肪酸、维生素 A、胡萝卜素等，目前最常用的有乙氧喹、二丁基羟基甲苯、丁羟基苯甲醚等。

抗氧化剂的用量一般很少，为了充分发挥作用，必须充分分散在饲料中，确保其在饲料中的均匀度，保证其安全性和有效性。

②防霉剂。它是一类抑制霉菌繁殖、消灭真菌、防止饲料霉变的有机化合物。常用的防霉剂有苯甲酸和苯甲酸钠、丙酸及其钙、钠盐、山梨酸及其盐类、富马酸及其脂类和脱氢醋酸等。

二、饲料的加工调制和饲喂方法

(一) 饲料加工调制方法

(1) 粉碎　饲料粉碎后，便于采食，可改善饲料适口性，增加采食量，有利于饲料的消化与利用。谷物类不宜加工过粗或过细，过粗不宜消化利用，过细尤其是精料型饲粮猪易患溃疡病。一般以颗粒直径 1.2～1.8mm 的中等粉碎程度为宜，这样猪吃起来爽口，采食量大增，增重快。

(2) 制粒　加工成粉状并经配合的猪饲料，即全价饲料，通过制粒，可改善饲料的适口性，提高养分的消化率，避免动物挑食，减少浪费。制粒后的饲料，可提高饲料的采食量和利用率 5%～15%。

在制粒过程中，一般要经过蒸汽、热和压力的综合处理，这可使淀粉类物质糊化、熟化，改善饲料的适口性，使养分更容易消化、吸收，从而提高其利用率。

制粒并经冷却的颗粒料，水分低于14%，不易霉变，易于保存。制粒后，体积变小，便于贮存、运输。

（3）膨化　膨化是将饲料加温、加压和加蒸汽调制处理，并挤压出模孔或突然喷出容器，使之骤然降压而实现体积膨大的加工过程。饲料膨化处理有比制粒更好的效果，但成本较高。对于猪饲料，主要用于膨化大豆。

（4）焙炒熟化　焙炒可使谷物等籽实饲料熟化，一部分淀粉转变糊精而产生香味，也有利于消化。豆类焙炒可除去生味和有害物质，如大豆的抗胰蛋白酶因子。焙炒谷物籽实主要用于仔猪诱食料和开口料。通常焙炒的温度130～150℃，加热过度可引起或加重猪消化道（胃）的溃疡。

烘烤类似焙炒，只是加热较均匀，可避免焙炒籽实可能造成加热过度、降低其营养价值等问题。

（5）发酵　发酵是利用专业饲料发酵剂中所含的功能微生物，使饲料在适当的温度、湿度和空气条件下，分解碳水化合物，产生乳酸、醋酸、乙醇等，成为具有芳香和微酸的发酵饲料。将饲料按0.5%～1%接种酵母菌，保持适当水分，一般以能捏成团，松开后能散裂开为准，发酵时间与温度有关，温度偏低，时间延长。通过发酵可改善适口性、提高饲料的消化率和粗蛋白的利用率，并增加维生素B族的含量，减少肠道疾病的发生。精饲料经过发酵之后，对动物食欲、健康、繁殖和饲料的利用均具有良好的作用。

（6）青贮　青贮是将饲料加工成一定细度（长度），在一定水分和厌氧条件下，经乳酸菌发酵而成。可长期保存、保鲜。发酵好的有一股酸香味、适口性好。一般用于处理青绿饲料。

(7) 打浆　打浆主要用于各种青绿饲料和各种块茎饲料。将新鲜干净的青绿或块茎饲料投入打浆机中，搅碎，使水分溢出，变成稀糊状。含纤维多的饲料，打成浆后，还可以用直径2mm的钢丝网过滤除去纤维等物质。打浆后的饲料应及时与其他饲料混合后饲喂，不宜长时间存放，特别是夏季，以免变质。

（二）饲喂方法

(1) 改熟喂为生喂　目前有很多农村养殖户还保留焖煮饲料的习惯。据试验，玉米、高粱、糠麸等禾本科籽实饲料一经煮熟，100kg只相当于89.4kg生喂效果。而青饲料经过煮熟（尤其是焖锅煮）不但破坏了饲料中的维生素，引起蛋白变性，降低营养价值，而且还会产生亚硝酸盐，引起亚硝酸盐中毒。

(2) 改稀喂为稠喂　饲料中不宜多加水，若料水比例超过1∶2.5时，会冲淡消化液，减少消化液分泌，降低各种消化酶活性，影响对饲料的消化与吸收，从而影响猪增重和饲料转化率。若用粥喂猪，应稠些。料水比以不超过1∶0.5～1∶2为好。

(3) 不用豆饼催肥　目前还有一些地方在肉猪在宰前催肥阶段有加喂豆饼的习惯。从营养需求阶段看：肉猪在催肥阶段主要是长膘积脂肪，需要含淀粉较多能量饲料。豆饼属于蛋白质饲料，是仔猪饲料，种猪配种、母猪妊娠泌乳期等不可缺少的好饲料，价格较高。

(4) 缩短育肥期，减少维持消耗　以商品猪为例，每天摄入的能量等营养物质，首先用于维持体温恒定和正常生命活动等维持消耗，若有剩余才能增膘长肉。有人计算过50kg的猪，每天用于维持的消耗能量相当于0.75kg玉米面。若猪每天摄入量只是0.75kg玉米面，则刚能够维持生命，猪不长膘；若猪每天摄入量低于0.75kg玉米的能量，则此猪不长膘，还会动用自身能量来维持正常生理需要，猪体重下降。只有每天摄入高于0.75kg才有增膘长肉的可能。有些地方育肥猪只给猪少量精料、给大量青饲料，人为地拖长了育肥期，增加了整个育肥期的维持消耗，白白浪费不少饲料。因此，要青、粗、精搭配合理，达到育肥效果。

三、提高饲料利用率的方法

（一）精细加工

机械加工能减少饲料浪费，改善适口性。粗饲料切短后，便于拌料，便于咀嚼。精饲料磨碎后，有利于消化液的充分混合。猪粗饲料细度要求在1mm以下。喂猪用的甘薯叶经浸泡，有利于溶去杂质。瓜干或甘薯面经蒸煮后，可进一步提高适口性，又能使粗纤维膨胀，有利于消化液的渗透。

生物处理能促进物质转化，提高营养价值和消化率。饲料经糖化处理后，营养物质发生降解，适口性有很大提高，更有利于营养物质的消化和吸收。饲料经发酵处理后，粗纤维得以降解，还可以产生维生素B族和有机酸、醇等芳香刺激性物质，改善消化与营养状况，进一步提高生产力。

（二）合理配比

单一饲料营养成分不完善，不能满足猪的营养需要，使用配合饲料可以达到取长补短的效果，能充分利用各组分中的营养成分，尤其是添加各种必需氨基酸，能大幅度提高饲料利用率。猪喂配合饲料，要比喂单一饲料提高饲料报酬20%以上。因此，根据不同年龄、不同生长阶段，分别配制日粮。科学日粮配制是提高饲料利用率最有效的办法。

（三）科学投喂

为防止猪挑拣造成浪费，宜采用细碎状态并全部混合拌匀使用，青草、青菜、多汁根茎类饲料应剁碎拌入。使用干粉料浪费、糟蹋较多；使用湿拌料可减少浪费。分次饲喂的，一次投料不要过多，要少添勤喂，防止挑剔浪费，剩料应及时清理。使用自由采食方式的，应改良料槽的结构和高度。

（四）符合生理特点

饲料配合不但要满足动物的营养需要，更要符合动物的消化生理特点。猪是杂食动物，胃的特点介于肉食动物和反刍动物之间，酸度可达 0.35% ~0.45%，能利用多种植物性饲料和动物性饲料。饲料多样配合还能够提高猪的食欲，促进胃液的分泌。改进饲料加工方法，饲料加工方法不当，会造成营养成分损失。谷物饲料磨得越细，消化率就越高，但过细会降低饲料的适口性。若将粉碎的谷物饲料制成颗料饲料，饲料利用率可提高23%左右。

（五）科学管理

饲养管理条件的好坏，直接影响猪的健康生长和饲料利用率。据试验，一般猪在 16 ~21℃条件下日增重率最高；若气温在4℃以下，增重速度将降低 50%。创造适宜的生活环境条件，可节省饲料。

（六）限饲技术

限饲技术即根据猪的不同生长阶段和不同的生产目的，通过采取增减饲料或改变饲喂时间的方法，使其达到预期的增重要求，确保高产性能。

（七）合理应用饲料添加剂

在猪基础日粮中，添加氨基酸、维生素、矿物质、保健及生长促进添加剂等成分，不仅能完善日粮的全价性，而且对减少疾病、提高饲料利用率具有明显的作用。

第四节　猪的繁殖技术

我国猪的人工授精始于20世纪50年代，曾形成较大的规模，但由于普及中技术粗糙，在很多地方被良种公猪本交所取代。而一些发达国家则在大力发展猪的人工授精技术，取得了较好的效果，成为提高养猪经济效益的重要手段。猪人工授精近年来呈现出越来越快的发展势头，一些发达国家已有3/4的母猪采用人工授精配种。在工厂化集约化的猪场，对人工授精有迫切的要求。大群饲养的母猪提高配种效率，减少公猪饲养量，可节约养殖成本。而利用最优秀的公猪，淘汰二三流公猪，会产生巨大的经济效益。

一、猪的人工授精技术

猪的人工授精技术，是用人的手或特制的假阴道，借助采精台采集公猪精液；采得的精液经检查合格者，按精子特有的生理代谢特性，加入适宜于精子生存的保护剂——稀释液，放在常温、低温或超低温条件下保存；当发情母猪需要配种时，用一根橡胶或塑料输精管，将精液输送到母猪子宫内使母猪受孕的方法。

采精是人工授精的首要技术环节。认真做好采精前的准备，正确掌握采精技术，科学安排采精频率，才能获得量多质好的精液。

（一）采精前的准备

1. 采精场地

室外采精场地应宽敞、平坦、清洁、安静；室内采精场地不小于$20m^2$，地面平整并注意防滑。采精地点要固定，要避免损害种公猪性行为和健康的不良环境。

2. 台畜的准备

由于公猪射精量大，射精时间长，用假母台（又称为假母猪）比用发情母猪做台畜方便、安全。假母台可用木质或金属材料作支架，台体可模仿母猪的体型呈圆筒型；要求背面光洁，两端（或采精一端）呈楔形；其腹侧可掏空，既可安装假阴道，也可避免擦伤公猪阴茎；两侧可各安装一块脚踏板，确保公猪爬跨射精时站立稳定，不易滑动。假母台一般长度为120～130cm，宽25～28cm，台面离地面高度为45～55cm。制作时，可依据公猪体型大小确定离地面的高度。可做成四脚型或独脚型，要求在公猪爬跨时稳定、牢固、安全、可靠，不损伤公畜。

3. 种公猪的调教

利用假母台采精，首先要训练种公猪爬跨假母台。具体方法有以下几种。

①在假母台的采精端涂抹发情母猪的尿液，刺激种公猪性欲而爬跨假母台，经几次重复便可建立比较固定的条件反射。

②将发情良好的健康母猪牵至假母台一侧，让被调教的种公猪去嗅闻发情母猪，当公猪性欲冲动爬跨真母猪时，立即将其拉下。如此反复几次，待公猪性冲动至高峰时，迅速牵走母猪，令公猪爬跨上假母台进行采精，一般可获成功。

③上述2种调教无效时，可将被调教公猪拴系于假母台附近，让其观看被调教会的公猪爬跨假母台采精，然后让其爬跨往往能奏效。

④经常用的假母台，留有公猪性兴奋的分泌物、尿液和精液，也能诱导新培育品种的公猪出现性冲动。同样道理，将采精公猪的尿液、唾沫、副性腺等抹在新制的假母台上，也能诱导公猪爬跨而训练成功。

在调教过程中，一定要有耐心，切忌强迫、恐吓、甚至抽打等不良刺激。当获得第一次成功后，应连续训练几天，待建立固定的条件反射后，转入正常的采精。

4. 采精前技术人员和器械药品的准备

①采精员在正式采精操作前，应着工作服，洗净双手，剪短指甲并磨光棱角，再用75%的酒精消毒，待酒精挥发尽后再进行操作。有条件的地方，用徒手采精法采精时，最好带上灭菌后的乳胶手套进行操作。

②采精器械和药品的准备。采精前，首先配制好稀释液，并对其进行消毒，待冷却后，放入30℃恒温水浴锅中待用；采精、稀释、分装等所有器具均应严格清洗、消毒；消毒过后的集精瓶（或杯）、过滤纱布在采精前用生理盐水或稀释液冲洗、润湿，便于精液过滤，防止残存消毒药物对精液的伤害。

（二）采精

适用于猪的采精方法有假阴道法和手握法，后者更合适。这种方法具有设备简单，操作简便，更利于分段收集精液等优点。其缺点是整个采精过程阴茎暴露在外界，可能触及采精台造成擦伤；在室温过低时（10℃以下）有不良刺激；射出的精液在空气中易遭受污染和冷打击（室温10℃以下）。因此用手握采精时，应注意防止以上情况。手握采精法的具体操作程序如下。

①将公猪放出室外活动5～10min，让其排尽粪尿；然后用0.1%高锰酸钾水洗净公猪下腹部和包皮部，再用毛巾擦干。

②将公猪赶至假母台附近，让公猪嗅闻假母台；当公猪第一次爬跨假母台时，将其赶下，以刺激其性欲；待公猪性兴奋至高潮时，再让其正式爬跨。

③当公猪爬上假母台伸出阴茎作交配态时，采精员蹲在假母台一侧，用一只手将阴茎前端螺旋状龟头握住（松紧度和用力

大小，以龟头不滑出手心为准），伺机顺势往外牵引，阴茎便可完全伸出包皮外；这时应有节奏地捏动龟头（模仿子宫颈有节奏收缩），并适时用拇指刺激龟头尖端；当公猪开始射精时，握住龟头的手停止捏动，稍加大压力，公猪便会顺利射精。

④收集精液。采精员另一只手握集精杯，当公猪开始射出稀薄精液时，废弃不接，待射出乳白色浓稠精液时，立即用集精杯接取；当公猪射精暂停时，握阴茎龟头的手可恢复弹性捏动，待再次射精时，停止捏压，让其第二次射精；一般情况下公猪射精全过程有二三次间隙，收集精液可持续进行，直至射出稀薄精液时可停止接精，松开握龟头的手，让阴茎缩回包皮。

⑤赶下公猪，不让它再度爬跨假母台；同时可用准备好的毛巾（用0.1%高锰酸钾浸泡后稍拧干）洗擦包皮部，然后把公猪赶回圈舍。

采精频率，成年公猪每周2次，青年公猪（1岁左右）每周1次。最好固定每头公猪的采精频率。

（三）猪的精液品质检查

精液品质检查的目的是鉴定精液品质的优劣，确定其是否可用于输精。通过精液品质检查也能反映种公猪的饲养管理水平、生殖机能状态和评价采精技术是否符合操作规程。

精液品质检查的项目，一般可分为常规检查项目和定期检查项目。常规检查项目是指每次采精后都应进行，而且可以迅速得出结论的指标，即射精量、颜色、气味、云雾状、pH值、活力、密度等。定期检查项目是指那些需要较复杂的检查设备不能立即得出结果的指标，即精子计数、精子形态（畸形率）、精子存活时间及存活指数、精液微生物污染、精子代谢能力等。

1. 称重确定精液量

以1g＝1ml计，一般原精体积为200～500ml。

2. 精液感官评定

（1）颜色　正常精液为乳白色或灰白色，若呈红褐色可能混有血液，黄色可能混有尿液，绿色则可能混有脓汁。

（2）气味　正常精液微腥，如有异味，可能由于生殖器官有炎症或混入包皮积液或尿液。

（3）云雾状　公猪精液活力、密度的表现。

3. 精液的 pH 值

可采用 pH 值试纸或 pH 计进行测定，一般为 7.0～7.8，pH 值越低，精子密度越大。

4. 温度

用温度计测量，精液温度一般为 35～38℃。

5. 显微镜检查

（1）精子活率检查　活率是指呈直线运动的精子百分率，在显微镜下观察精子活率，一般按 0.1～1.0 的十级评分法进行，鲜精活率要求不低于 0.7。

（2）精子密度　指每毫升精液中所含的精子数，是确定稀释倍数的重要指标。要求用血细胞计数板进行计数或精液密度仪测定。血细胞计数板计数方法如下。

①取具有代表性原精液 100μl，3% NaCl 900μl，混匀，使之稀释 10 倍。

②在血细胞计数室上放一盖玻片，取 1 滴上述精液放入计数板的槽中，靠虹吸将精液吸入计数室内。

③在高倍镜下计数 5 个中方格内的精子总数，将该数乘以 50 万，即得原精液每毫升的精子数（即精液密度）。

精液密度仪使用见其说明书。

（3）精子畸形率　畸形率是指异常精子的百分率，一般要求畸形率不超过 18%，其测定可用普通显微镜，但需伊红或姬姆萨染色。相差显微镜可直接观察活精子的畸形率。公猪使用过频或高温环境会出现精子尾部带有原生质滴的畸形精子。畸形精子种类很多，如巨型精子、短小精子、双头或双尾精子，顶体膨胀或脱落、精子头部残缺或与尾部分离、尾部变曲。要求每头公猪每 2 周检查一次精子畸形率。

目前国内外尚无一种只凭单一指标就能准确预测精子的受精力高低的方法，为此，一般均采用常规检查和定期检查某些项目相结合进行综合评定精液品质的优劣。精液品质检查，一定要使评定结果能真实反映这份精液的品质为原则。因此，在精液检查过程中，首先要标记被检查精液的来源，取样要有代表性，检查过程不能使精液受到不良影响。检查操作时，力求动作迅速，评定结果准确。

（四）精液的稀释

精液稀释的目的在于扩大精液的容量，增加受配母畜的头数，延长精子在体外的生存时间，充分提高优良种公猪的利用效率。只有经过稀释的精液才适合于保存、运输和输精。

1. 猪精液稀释液中各主要成分及作用

（1）糖类　一般常用的有果糖、葡萄糖、乳糖和蔗糖等。这些糖类主要作用是给精子提供能源，补充精子能量，其次也是一种简单的稀释剂。

（2）缓冲物质　为保证精液维持适宜的 pH 值，缓冲代谢产物对精子的伤害，常加入某些弱酸盐或有机缓冲物质，如磷酸二氢钾、磷酸氢二钾、磷酸氢钠等。

（3）卵黄和乳类　卵黄和乳类（全乳、脱脂乳或乳粉）有调节渗透压，降低精液中电解质浓度，保护精子膜的作用，同时对精子也具有防冷抗冻作用。

（4）抗冻害物质　甘油、乙二醇、二甲基亚砜等具有很强的渗透性，可取代精子膜内的自由水，是常用的防冻剂。

（5）抗菌剂　常用青霉素、链霉素、卡那霉素和氨苯磺胺等。

（6）其他添加剂　如酶、激素、维生素等。加入过氧化酶，能防止精子代谢过程中产生的过氧化氢对精子的危害；加入激素，如催产素、前列腺素，可促进母猪生殖道的收缩蠕动，加快精子向受精部位运行以提高受胎率；加入维生素，有利于提高精子生存能力。

2. 稀释液的种类

根据用途和保存方法的不同，稀释液可分为以下 4 类。

（1）现配现用稀释液　采集到的精液不作长时间保存，立即用于输精也需要对精液进行稀释，这种稀释液称为现配现用稀释液。其配方简单，可直接用等渗葡萄糖溶液或经消毒后的鲜乳，甚至用生理盐水也可。

（2）常温保存稀释液　保存温度在 15～25℃，称常温保存。猪精液最适合的保存温度是 15℃左右，这一温度条件下精子仍能运动和代谢。为了延长保存时间，这类稀释液应是偏酸性的，并防止与空气中氧气接触，若能限制精子运动为最佳。常用的常温保存稀释液参见（五）液态精液的分装与常温保存。

（3）低温保存稀释液　保存温度范围是 0～5℃，猪精子对低温的耐受力较差，稀释液中除含有糖类、抗生素类以外，应注意添加防冷休克成分，通常情况下可用卵黄和乳类。

（4）超低温保存稀释液　超低温一般是指 -196～ -79℃。猪精子对超低温的耐受力比牛、羊的差，所以稀释液成分更复杂，在低温保存液的基础上需添加防冻保护剂。

3. 稀释液的配制方法及注意事项

（1）蒸馏水　是任何稀释液的必备成分。一定要用灭菌双蒸水，若确实没有，也应用优质饮用水煮沸、过滤、冷却后再用。

(2) 化学药品　包括糖类、弱酸盐类等。要求必须是化学纯或分析纯级别，称量一定要准确，溶解一定要充分。溶解后一定要过滤，然后密封好进行隔水式煮沸（或高压灭菌）消毒。

(3) 乳类　最好是鲜乳经煮沸消毒后备用。若用乳粉应选择不含添加剂、糖、微量元素的纯乳粉，以免影响渗透压和精子的存活。

(4) 卵黄　选用新鲜鸡蛋，先洗净外壳，擦干，再用75%酒精进行消毒，待酒精挥发干净后，轻轻破壳，除尽蛋清，再用灭菌后的注射器刺穿卵黄膜，抽取卵黄。

(5) 抗菌素　使用有效期内的青霉素钾盐和双氢链霉素，按每100ml 10万IU（国际单位）计量加入。

配制稀释液一定要遵循现配现用的原则，其成分选择要新鲜，纯度高，计量准确。一切与稀释液接触的器皿均应彻底清洗和消毒。卵黄、乳类及抗菌素应在临用时（稀释液温度40℃以下）加入。

4. 稀释倍数和稀释方法

猪精液浓度相对较低，原精浓度一般在每2亿个/ml左右，因此稀释倍数不宜太高，可按1：2进行。即每毫升原精液可加入2ml稀释液（称为稀释2倍）。

在生产现场操作时，要求采精前先配置好稀释液置于30℃水浴锅内待用。采得精液后，立即进行精液品质评定。根据评定结果，按上述方法确定稀释倍数。在等温条件下（即精液温度也维持在30℃），将定量的稀释液沿瓶壁缓慢倾入精液瓶中，边倒边搅拌，尽可能让二者混匀。切忌强力加速倾倒，以免造成稀释打击。

稀释完毕，应及时抽样检查稀释效果。正常情况下，经稀释处理的精液活力应不低于原精液。若活力下降或出现大量成团精子，说明稀释液或稀释方法不当。

（五）液态精液的分装与常温保存

目前猪精液冷冻保存技术尚未完全过关，因此液态常温精液的分装与保存仍然具有十分重要的意义。

1. 猪瘟冻干瓶分装

猪精液的分装容器和分装方法直接关系到保存效果，1980年以前，我国各地没有专用猪精液分装瓶，均采用冻干疫苗瓶洗净后来分装精液。这种分装瓶密封不严，增加了污染环节，有条件的地方应废弃不用。

2. 专用无毒塑料瓶分装

（1）*一次性塑料精液分装瓶*　1988 年设计研制，总容量10ml，称低精量分装瓶。采用排空吸入法分装精液，装满后在火焰上加热后封口。这种分装瓶的优点是：分装简便，密封严密，输精时利用瓶尖锥形接口直接插入输精管尾端便可直接输精，操作简单，并减少了精液污染环节。

（2）*大容量输精瓶*　其总容量为 80～100ml，外形与低精量分装瓶相似，不同点是与输精管连接的锥形头可取下以便注入精液。这种分装瓶容量大，超过 1 次输精量数倍，是一种浪费。

3. 猪精液的常温保存

常温保存温度为 15～25℃，所以又称室温保存。这样的温度条件下，精子仍然能运动，造成能量损耗。为了抑制精子的运动和代谢，常采取制造酸性环境，隔绝与空气（氧气）的接触，甚至用明胶等使精液经稀释处理后成胶冻状等措施。

常用稀释液配方有：

（1）*乳—卵稀释液*　鲜牛（羊）乳 80ml，卵黄 20ml，青霉素、链霉素各 10 万 IU。

（2）乳—糖—柠稀释液 鲜乳 30ml，5% 葡萄糖 30ml，2.9% 柠檬酸钠 30ml，卵黄 10ml，青霉素、链霉素各 10 万 IU。鲜乳经 95℃水浴消毒 20min，温度降至 40℃后再加入卵黄和青霉素、链霉素。

（3）葡—柠—乙稀释液 葡萄糖 5g，柠檬酸钠 0.3g，乙二胺四乙酸钠 0.1g，双蒸水 100ml，硫酸链霉素 0.1g，青霉素 10 万IU。

实践证明，猪精液经常温稀释后，在 15℃左右的温度条件下保存效果最好。农村条件下，可在室内挖 1 个直径 50cm、深 1.5 ~2m 的旱井来保存精液。

（六）猪的输精

输精是人工授精技术最后一个环节，也是保证获得可靠受胎效果的技术关键。输精过程应尽量模拟公母猪自然交配的生理过程，对母猪要避免强迫。整个操作过程应严格遵守人工授精技术规程，增强无菌概念并充分做好各项准备，确保输精操作的顺利进行。

1. 把握好输精适时期

（1）从发情症状判断输精适时期 母猪从兴奋不安（闹圈）到逐渐安静、发呆。阴户红肿到开始消退出现皱褶，黏膜颜色由潮红逐渐变为暗红或紫红色，黏液由水样稀薄到黏稠，手捏阴户下联合外侧（相当于阴蒂所在位置）母猪有明显的举尾掸腰之快感；按压背腰，母猪安静站立不动（或作交配态），用种公猪试情，安静接受爬跨。出现以上症状便是输精适时期。

（2）根据发情起始时间推算适时期 母猪排卵出现在安静接受公猪爬跨后 24 ~36h。精子进入母猪生殖道后 6h 左右才能完成“获能”（才有受精能力）过程。因此，输精应在排卵前

6h 以上，让精子在受精部位完成获能后等待卵子。据此可以作如下安排：安静接受爬跨开始后 12～24h 作第 1 次输精，间隔 8～12h 再输精 1 次。若以外观症状为依据，经产母猪头天发情第二天输精，或发情症状出现 24～48h 内配种一两次。初配母猪还可适当推迟，即发情开始后 48～72h 内输精一两次。

2. 输精部位

猪属双角子宫，发情时两侧卵巢均有卵泡成熟和排卵，故输精部位以子宫体为最佳位置。

3. 输精剂量

我国从 1970 年代以来，各省、市推广猪瘟疫苗瓶分装精液，自然形成了一次输精 20～25ml，有效精子数 10 亿个以上。1988 年由郑鸿培主持的《猪低精量人工授精技术规范化研究》，将输精剂量确定为 10ml，含有效精子数 3.5 亿个以上。现一般建议一个发情期输精 2 次，每头每次 10ml。

4. 输精方法

母猪子宫颈与阴道结合部无明显界线，采用橡胶或塑料输精管即可顺利插入子宫体内。具体操作是：首先用清水洗净母猪外阴部，擦干，再用酒精棉球消毒阴门裂。待酒精挥发干后，手持输精管，先稍斜向上插入输精管，过前庭后呈水平向阴道、子宫颈推进。边插边旋转边抽动，模仿公猪交配动作，当插入阻力变大时，稍用力再往里插，直至不能前进时，稍退后一二厘米，开始挤压输精瓶，让精液缓慢注入子宫中。当挤压至输精瓶瓶壁互相靠拢，再挤不出精液时，不要松手，顺势将精液瓶从输精管尾部抽出，吸满空气，再把输精瓶插上，照上再挤压 1 次，直至再无精液残留为止。整个输精过程应不少于 3～5min。尽可能防止精液倒流，若发现精液倒流较多，应再输 1 瓶，以保证受胎率和产子数。输精完后，取下输精瓶（或仍压住输精瓶，防止松手后精液被吸出)，缓慢抽出输精管，并及时拍打母猪背腰，以利于精液吸入。输精即告结束。

二、妊娠、分娩和泌乳技术

(一) 妊娠

母猪的妊娠期平均 114d（111～117d)，这一时期应根据胚胎生长发育规律、母猪新陈代谢特点和营养需要，采取相应的有效措施，以保证胚胎在母体内得到正常的生长发育，减少中期死亡，防止流产和死胎。确保生产出头数多产、初生重较大，均匀一致和健康的仔猪。并使母猪保持中上等体况，为哺育仔猪做准备。

1. 胚胎的生长发育及死亡规律

胚胎生长发育特点是前期形成器官，后期增加体重。器官是在 21d 左右形成，体重的 60% 以上是在怀孕最后 20～30d 增长的。

母猪每个情期排卵 20 个左右，卵子的受精率大多在 95% 以上，但每胎产活仔仅 10 头左右，说明仍有 50% 的受精卵在发育过程中死亡。胚胎在发育中的死亡并不均衡，而是有 3 个死亡高峰。第一个死亡高峰是在怀孕后第 9～13d，死亡胚胎占胚胎总数的 20%～25%；第二个死亡高峰是在怀孕后第 18～23d，死亡胚胎占胚胎总数的 10%～15%；第三个死亡高峰是在怀孕后第 60～70d，死亡胚胎占胚胎总数的 5%～10%；妊娠后期和临产前的死亡也占 5%～10%。

2. 妊娠母猪新陈代谢的特点

妊娠母猪的喂料原则采用“前低后高”的方式，是根据妊娠母猪的生理特点和胚胎生长发育的规律而确定的。妊娠母猪的新陈代谢机能非常旺盛、对饲料的利用率很高，蛋白质合成也强，母猪在妊娠期的增重远高于饲喂同等日粮的空怀母猪（表3－1）。

表3－1 妊娠与空怀母猪的体重变化 （单位：kg）

项目	采食量	配种体重	临产体重	产后体重	净增重	相差
试1妊娠	418	230	308	284	54	—
试1空怀	419	231	270	270	39	15
试2妊娠	225	230	274	250	20	—
试2空怀	224	231	235	235	4	16

妊娠期增重包括母体本身组织增长和胎猪的生长。在妊娠前期的妊娠增重中，母体本身组织增长占绝大部分；胎猪的生长发育前慢后快，到妊娠后期，妊娠增重以胎猪的增长为主（表3－2）。因此妊娠前期，母猪宜采用低营养水平饲养，避免造成胚胎死亡；在妊娠后期宜提高营养水平，保证有足够营养物质供给胎猪生长发育之所需。

表3－2 妊娠各阶段母猪及胎猪的变化 （单位：g）

项目	妊娠期			
	0～30d	31～60d	61～90d	91～114d
日增重	647	622	456	408
骨与肌肉	290	278	253	239
皮下脂肪	160	122	～23	～69
板油	10	～4	～6	～22
子宫	33	30	38	39
胎猪	62	148	156	217

3. 妊娠母猪的饲养管理

妊娠母猪的饲料很重要，饲养方法是否合适，对母猪健康和仔猪的健康发育有很大影响，必须根据母猪的个体情况和季节变化调理适当，进行合理的饲养。具体视母体年龄、交配时间的膘情而定，一般来说，在分娩和哺乳期所失去的体重应等于在妊娠期间所得到的补充。特别注意圈养之母猪膘情，防止母猪吃料不均造成过肥或过瘦。避免喂大量高能饲料，使母猪过肥造成胚胎死亡、难产和产后乳水不足。

妊娠母猪可采用限位栏饲养，也可每4～6头一圈群饲，占圈面积不低于1.6～1.7m²/头，后期宜单圈饲养。保持圈内清洁干燥，防止母猪滑倒、咬架、惊吓、不能鞭打或追赶母猪，以免机械性流产。经常驱赶限位栏中的母猪，使之站起来，以增强运动。饲料要新鲜，饮水要干净，防止饲料霉变。产前2周驱体内外寄生虫。夏季气温超过32℃就会引起胚胎的大量死亡，应注意防暑降温，减少因中暑而死亡。

（二）分娩

1. 母猪产前准备

（1）*产房的准备*　母猪的妊娠期为110～120d，平均114d。应提前7d准备好产房。要求产房温暖、卫生、干燥、安静、通气、舒适。

（2）*进行消毒*　入产房前对产房进行消毒。用2%火碱水喷洒地面，用20%石灰乳粉刷墙壁或用2%～5%的来苏尔或0.5%过氧乙酸消毒。

（3）*准备用具*　如毛巾、耳号钳、剪刀、台秤、高锰酸钾、碘酒、照明灯、保温箱、红外线灯等。

（4）*产房温度*　一般要求15～22℃，最宜为18～20℃，配备仔猪保温箱，保持箱内温度25～32℃。

2. 注意观察临产母猪

根据产前表现可以大致预测分娩时间，一边做好接产准备。

（1）分娩前15～20d　乳房从后面向前逐渐膨大，乳房基部与腹部之间出现明显的界限。

（2）分娩前7d　乳头呈“八”字形向两侧分开。

（3）分娩前3～5d　乳房显著膨大，呈潮红色发亮，后一对乳房用手挤压有少量清亮乳汁流出；外阴出现红肿下垂，尾根两侧出现凹陷，排泄粪尿次数增多，“母猪频频尿，仔猪就要到”。

（4）分娩前3d　母猪起卧行动稳重谨慎，乳头可分泌乳汁，手摸乳头有热感。

（5）分娩前1d　母猪腹部前面的乳头出现浓乳汁，呈黄色，母猪阴门肿大，松弛、呈红紫色，并有黏液从阴门流出。

（6）娩前6～10h　母猪卧立不安、中后面的乳头出现浓乳汁、外阴肿胀变红、衔草做窝。

（7）分娩前1～2h　母猪极度不安、呼吸急促、来回走动、频繁排尿、阴门中有浅黄色黏液流出，当母猪躺卧、四肢伸直、阵缩时间越来越短、羊水流出，第一头小猪即可产出。

3. 接产技术

母猪产仔时保持环境安静，可防止难产和缩短产仔的时间。

（1）仔猪出生后　做好“三擦一破一断”工作：先用清洁的接生布擦去口鼻周围以及口腔中的黏液，使仔猪尽快用肺呼吸，然后擦干仔猪周身，以防仔猪着凉；没“破水”的及时帮其破水；断脐，方法为使仔猪躺卧，在距仔猪腹约4cm，用右手将脐带中的血液反复向仔猪腹部方向挤，然后用力捏一会脐带，再用已消毒的拇指指甲掐断脐带，这样的断口为不整齐断口，有利于止血。一般不用剪刀剪断脐带，断面用5%碘酒消毒。打耳号（用5%碘酒消毒），称初生重，填写仔猪记录卡等资料，早吃初乳。

（2）假死仔猪的抢救　不呼吸，但心脏还在跳动的仔猪，为假死仔猪。

形成原因：仔猪脐带早断、产道狭窄、胎势胎位不正、分娩时间拖长。

抢救方法：首先淘除和擦净其口腔内和鼻部的黏液。然后左手托拿仔猪臀部，右手托拿背部，将仔猪轻轻晃动。最后用白酒或酒精涂擦鼻部，刺激仔猪呼吸。也可提起仔猪后腿，轻掐其肩部，有叫声，仔猪就获救。

（3）难产母猪的处理　猪为多胎动物，胎儿小，很少难产，但个别母猪由于过肥或过瘦、气温偏高、疾病、初产者体重过小等原因，可能会造成难产。母猪分娩间歇为5～20min，平均10min产出1头仔猪，整个过程持续1～4h，一般为1～2h。胎衣排净后需4～5h，如产仔间隔过长，母猪长时间阵痛或努责，仍不见胎儿产出，则为难产。破水后30min产不出即为难产，应及时救助。这时可注射垂体后叶激素15～25IU、强心剂2～3ml，并按摩乳房，一般10～20min即可产出。如仍不能产出，可人工助产。可按“一推、二拉、三掏、四注、五剖”的原则进行人工助产。

一推：随着母猪阵痛节奏，用手沿腹侧由前下方向后上方进行“推拿”助产，必要时可针刺“百会”穴。

二拉：用还原整复助产的方法，使其为正胎向、正胎位后再轻轻顺产轴方向拉出。

三掏：若助产无效，确诊为难产，则应掏出胎儿。先将指甲剪平磨光，将手和手臂洗净消毒，涂润滑剂，然后五指并拢呈圆锥状，在母猪阵缩间歇轻轻、旋转伸入产道，待摸到仔猪将其调整顺位，将仔猪随母猪努责慢慢拉出，此后的胎儿有可能顺产，也可能全窝仔猪都需要人工助产。

四注：如果宫缩无力，给母猪注射催产素。

五剖：若母猪体小，产道狭窄、胎儿过大，无法助产，需立即请兽医进行剖腹手术，以确保母仔安全。

产后，给母猪注射抗生素或其他消炎药物，以免产道感染。分娩结束后，及时将胎衣、脐带和污染的杂物清出，换上新的备用垫草，以免母猪嚼吃，否则不但不好消化，也极易养成吃仔的恶癖。最后用温水将母猪外阴部、后躯及乳头擦洗干净。

（三）泌乳

母猪有 7 对左右的乳头，每个乳头由 2～3 个乳腺团组成，每个乳腺团又以乳腺管汇集成一根乳头管通向乳头外端，各乳头之间没有相互联系。没有乳池，不能随时排乳，但刚分娩母猪是连续放乳的，以便仔猪生下即能吃上初乳。

前 3 对乳头泌乳量多，占 67%，后 4 对泌乳量教少，占 33%。1 对 >2～4 对相似 > 第 5 对 > 第 6 对，第 6 对以后产乳量低。

1. 乳汁成分

母猪的乳汁按营养成分和生理作用分为初乳和常乳，初乳是母猪分娩后 3d 内分泌的淡黄色乳汁，此后的乳汁为常乳。初乳中干物质、蛋白质、铁、生长素含量高，维生素 A、维生素 C、维生素 B_1、维生素 B_2 含量高，营养丰富。镁盐含量高，具有轻泻作用，可促使胎粪排出；酸度高，具有抑菌和助消化作用；生长素含量高，可有效促进胃肠的发育，第一天便可增加 30%；初乳最大的特点是含有免疫抗体，是初生仔猪获得免疫力的唯一途径，仔猪吃不到初乳很难成活。

2. 乳汁的排放

猪的乳房没有乳池储备乳汁，所以只有分娩后的前一两天，在催产素的作用下，乳汁可随时排出。随后变为定时放乳。放乳次数多，每隔 50～70min 放乳一次。放乳时间短，一般是 10～

20s。过程是先仔猪发出尖叫或母猪主动发出喂奶信号（此为“唤奶”），经仔猪1～2min的拱揉，母猪才开始放乳。在一个泌乳期，前期泌乳时间长，间隔时间短；后期泌乳时间短，间隔时间长。

3. 泌乳量

泌乳量逐步增加，到3～4周时达高峰，以后逐步下降。以较高营养水平饲养的长白猪为例：60d泌乳期内泌乳量约600kg，在此期间，产后1～10d平均日泌乳量为8.5kg，11～20d为12.5kg，21～30d为14.5kg（泌乳高峰期），31～40d为12.5kg，41～50d为8kg，51～60d为5kg。

位于前部的乳头粗长，暴露良好，乳汁较多，容易引起争食；因此要及时固定乳头，使全窝均匀生长，也便于乳头发育。

初产母猪乳腺发育不全，缺乏哺育经验，泌乳量较低，2～3胎泌乳量上升，3～6胎保持一定水平，以后下降。母猪的泌乳量与带仔多少有关，带仔数越多，泌乳量越高。母猪的泌乳量还与饲养管理水平有关，充足的营养，合理的饲养，舒适的环境可提高泌乳量。

第五节　猪的饲养管理技术

一、哺乳仔猪的饲养管理技术

哺乳仔猪指出生至断奶的仔猪。在养猪生产过程中，仔猪是猪一生的开始阶段，生长最快、饲料利用率最高，也是适应性最差、生产性能最容易受影响的阶段。充分了解仔猪的生理特点，合理提供仔猪所需的各种营养，加强仔猪的饲养管理，对于提高养猪整体生产水平、提高肉猪质量至关重要。

目前，哺乳仔猪的饲养管理主要存在的问题有哺乳仔猪成活率低、腹泻严重、断奶窝重小等，此阶段的饲养管理目标就是根据仔猪的生长发育和生理特点，采取相应的饲养管理措施，提高哺育成活率和最大断奶窝重和断奶个体重，使仔猪安全渡过断奶关，以利于育成和育肥期正常生长发育。

（一）哺乳仔猪的生长与生理特点

1. 生长发育快，物质代谢旺盛

仔猪出生时体重小，不到成年体重的1%，在7日龄以内是第1个关键性时期，应加强护理。仔猪出生后生长发育迅速，30日龄约为初生重的4～7倍，60日龄为初生重的10～15倍。哺乳仔猪快速生长是以旺盛的物质代谢为基础。20日龄的仔猪，每1kg体重沉积蛋白质9～14g，而成年猪仅为0.3～0.4g，相当于成年猪的30多倍。由此可见，仔猪对营养物质的需要相对高，对营养不全极为敏感，除进行正常哺乳外，应以高质量的乳猪料进行补饲。因此，15日龄左右训练仔猪认料，早期开食是养好仔猪的第2个关键性时期。仔猪1月龄后，食量增加，是仔猪过渡到全部采食饲料独立生活的重要准备时期，此为养好仔猪的第3个关键性时期。

2. 消化器官不发达，消化腺机能不完善

仔猪消化器官的相对重量和容积都很小，初生仔猪胃重仅有5～8g、容积为25～50ml，肠重40～50g、容量100～110ml。20日龄时胃重增加4～7倍，容积扩大3～4倍；60日龄时胃容积扩大20倍，肠容积扩大50倍，消化器官的强烈生长一直保持到6～8月龄，此后才开始降低，13～15月龄接近成年猪水平。

仔猪消化机能也不完善。仔猪胃液中的消化酶主要是凝乳酶和少量的胃蛋白酶，由于胃底腺不发达，缺乏游离盐酸，胃蛋白酶含量少，无活性，不能消化蛋白质，特别是植物性蛋白质。食物主要是在小肠内消化。所以，初生小猪只能吃奶而不能利用植物性饲料。

随着仔猪日龄的增长和食物对胃壁的刺激，盐酸的分泌不断增加，到35~40日龄，胃蛋白酶才表现出消化能力，仔猪才可利用多种饲料，直到2.5~3月龄胃分泌盐酸的浓度才接近成年猪的水平。哺乳期缺乏盐酸是仔猪容易下痢的根本原因。

哺乳仔猪消化机能不完善的又一表现是食物通过消化道的速度较快，食物进入胃内排空的速度，15日龄时为1.5h，30日龄时3~5h，60日龄时为16~19h。

3. 免疫力低，容易得病

由于猪胎盘结构复杂，限制了母源抗体通过血液向胎儿转移。仔猪出生时，由于缺乏免疫抗体，而没有先天免疫力。分娩时初乳中免疫抗体含量最高，以后随时间的延长而逐渐降低，所以，分娩后立即使仔猪吃到初乳是提高成活率的关键。初乳中含有抗蛋白分解酶可以保护免疫球蛋白不被分解，有利于仔猪吸收免疫抗体。

仔猪的抗体是在出生后48h左右由初乳供给，出生后10d乳中抗体开始下降，14~15d急剧消失，仔猪出生10日龄以后才开始自身产生抗体，直到30~35日龄前数量还很少。因此，3周龄以内是免疫球蛋白青黄不接的阶段，因而造成仔猪容易患病。

4. 体温调节机能不完善，怕冷

仔猪出生时大脑皮层发育不够健全，通过神经系统调节体温的能力差，在低温的情况下不能调节体温，以适应环境温度的变化，故有“小猪怕冷”之说。还有仔猪皮薄、毛稀、皮下脂肪少，单位体重体表面积大，保温隔热能力很差。仔猪1周龄之内不具备通过代谢调节体温的能力，3周龄才接近完善。仔猪正常体温约39℃，刚出生时所需要的环境温度为30～32℃。吃上初乳的健壮仔猪，在18～24℃的环境中，约2d后可恢复到正常，在0℃（－4～2℃）左右的环境条件下，经10d尚难达到正常体温。出生仔猪如果裸露在1℃环境中2h可冻昏、冻僵，甚至冻死。所以加强对仔猪的保温是提高其成活率的关键措施。

（二）哺乳仔猪的饲养管理

根据仔猪的生长发育特点及仔猪生长的各个关键时期，人们总结出养好仔猪“抓三食，过三关”的有效措施。出生24h内剪犬齿，一般留2/3，并断尾，一般留3cm左右，防止咬母猪乳头、咬尾和互相咬架，影响哺乳仔猪的安全。测体重并记录。新生仔猪的体重标准见表3－3。

表3－3　新生仔猪的体重标准　（kg）

周龄	体重		
	一般	标准	好
出生	1.35	1.50	1.65
1	2.25	2.50	2.75
2	3.60	4.00	4.40
3	5.40	6.00	6.60
4	7.20	8.00	8.80
5	9.00	10.00	11.00
6	11.70	13.00	14.30
7	14.85	16.50	18.15
8	18.45	20.50	22.55
9	22.55	25.00	27.50
10	27.50	30.00	33.00

1. 抓“乳食”和“三防”，过好初生关

使仔猪吃好初乳是保证仔猪健壮发育的关键，防寒、防压、防病是护理好仔猪的根本措施。

(1) 固定乳头，吃好初乳 母猪分娩5～7d分泌的淡黄色乳汁叫初乳。其化学成分与常乳不同，蛋白质含量高，维生素丰富，含有免疫抗体，有镁盐，可轻泻，有利于胎粪排出。而且初乳酸度高，有利于消化道蠕动，其营养物质在小肠几乎全部被吸收，有利增长体力和产生热能。因此，初乳是仔猪不可缺少或取代的食物，应使其尽早吃到，最晚不超过生后2h。

仔猪有固定乳头吃乳的习惯，一经固定直到断奶不变。所以，为了使同一窝仔猪生长得均匀健壮，在仔猪出生后2～3d内，应人工辅助其固定乳头。即在分娩结束后，把仔猪放至母猪身边让其自寻乳头，待多数寻到后，对个别强弱仔猪进行调整乳头，即把弱仔猪放在前边乳汁多的乳头上吃奶，把强壮的仔猪固定在后边的乳头上吃奶。经过2～3d的训练，就能使仔猪养成在固定乳头上哺乳的习惯。

(2) 防寒、防压、防病 母猪在冬季或早春分娩造成仔猪死亡的主要原因是冻死或被母猪压死。尤其是出生后3d内，仔猪怕冷，爱钻草堆，更易被母猪压死，要加强护理工作。仔猪出生后，应尽快擦干身上的黏液，放在铺有柔软垫草的产筐里，盖上麻袋，或放在母猪身边取暖。

①防寒保温。可以通过调整产仔季节，把母猪分娩安排在3～5月和9～10月。如全年产仔，可设产房，保持舍内干燥，使舍温保持在8℃以上。在天气寒冷时，一定要加厚仔猪垫草或增加保温设施。

②防压。体型较大的外来猪种，一般护仔性都较差，行动迟钝，往往容易压死仔猪。初产母猪无护仔经验，产圈地面不平整，垫草过厚太长等，都容易造成母猪压死仔猪。特别是产后1～3d内，母猪疲倦，仔猪软弱，多因母猪起卧把仔猪压死，所

以，在产后3d内饲养人员要特别精心护理，应定时把母猪从产床赶出，到指定地点排粪拉尿，待母猪和仔猪都安卧后再离开。也可以在猪圈内安装护仔栏、防压条、定位栏、防压架等，防止母猪沿墙卧下时将仔猪压死。另外，母猪圈地面要平坦，垫草要适量，要经常更换，保持干燥卫生。

③防病。主要是预防仔猪下痢。仔猪下痢多见于产后3～7d和15～20d期间，尤以7日龄以内更为严重，死亡率最高，经济损失最大。造成仔猪下痢的原因很多，一般除母猪乳汁过浓会引起仔猪下痢外，天气冷热不均、圈舍湿冷、母猪营养不良、奶少、圈舍卫生不好、仔猪抵抗力弱、饮了脏水等原因也会引起拉稀或下痢。因此，预防仔猪下痢必须采取综合性措施。要根据母猪情况，适当增减青饲料和精饲料，不喂发霉变质的饲料，防止饲料突然更换。注意保持母猪泌乳量的平衡，母猪乳头经常保持清洁。调教母猪在指定的地方排粪排尿。改善环境卫生，圈舍勤垫、勤打扫，经常保持干燥，冬暖夏凉。加强对仔猪的护理和照料，除及早锻炼开食外，还应予以适当的圈外运动和阳光照射。在缺硒地区，母猪产前1个月可肌内注射0.1%亚硒酸钠溶液5ml，或仔猪出生后10d，每头肌内注射1ml，均能预防仔猪下痢。平时若发现病猪，要及时隔离治疗。

（3）补窝　有时母猪产仔头数较少，需从产仔多的补进同龄仔猪。补窝时应注意以下几点。

①两窝仔猪产期应当相近，最好不超过3～4d，体重相近的仔猪。

②补窝的仔猪在补窝前一定要吃到初乳。

③为防止母猪追咬补窝仔猪，补窝时可用母猪的胎衣，乳汁涂擦补窝仔猪，也可将两窝仔猪混在一起，互相接触一段时间或喷酒精、喷醋，干扰母猪的嗅觉，使其辨别不出补窝仔猪。补窝

时间最好是夜间进行。开始补窝时要加强看护，避免发生意外。

2. 抓“开食”，过好补料关

仔猪出生后提早开食补料（开食），是促进其生长发育，提高成活率和断乳体重的关键。因为产后21d后母猪泌乳量已经不能满足仔猪生长发育的需求，要给仔猪补充全价饲料以促进其生长。另外，提早补料还可以锻炼仔猪的消化机能，促进肠胃发育，防止下痢和为安全断奶奠定基础。要求诱导仔猪开食的时间应早在母乳变化和乳量下降之前的3～5d开始。一般在出生后7d开始尝试补充各种饲料。

（1）矿物质的补充

①补充铁、铜。最常用的方法用2.5g硫酸亚铁和1g硫酸铜溶于1 000ml水中，装入棕色瓶内。当仔猪哺乳时，将溶液滴在母猪乳头上让仔猪吸吮或用奶瓶喂给。每天1～2次，每日喂10ml。当仔猪能吃料时拌入料中给予。1月龄后浓度可提高1倍。

为满足仔猪对矿物质和微量元素的需要，也可在仔猪5日龄时，开始在补料间放置一小槽，内盛骨粉、食盐、红土及新鲜草根等。拌入上述铁、铜溶液，任其自由舔食。

②补硒。补硒可防止仔猪拉稀、肝坏死和白肌病。特别是缺硒地区，仔猪3日龄时肌内注射0.1%亚硒酸钠溶液0.5ml。断乳时再注射1次。对于开食后的仔猪，每1kg补料中添加60～120mg硫酸亚铁和0.1mg亚硒酸钠，可预防铁、硒缺乏症。

③补水。仔猪生长快，代谢强，所食乳中含脂量高，常感口渴，需水量大。因此，在仔猪3～5日龄时，即应开始经常供给新鲜清洁的饮水。

（2）补料　在仔猪7日龄时，做好仔猪的诱食工作，补循序渐进，逐渐过渡，每天补料5～6次，每次吃到八成饱为宜。

一般在 15 ~ 20 日龄仔猪就有了吃料的习惯。20 ~ 30 日龄以后，仔猪就能以吃料为主，吃乳为辅。特别注意仔猪出生 7 日龄内不具有消化植物蛋白能力，过早诱食会导致仔猪腹泻。

3. 抓“旺食”，过好断乳关

仔猪 30 日龄以后，消化机能逐渐完善，食量大增，体重迅速增长，进入旺食阶段。及时断乳，防止掉膘减重，应做好以下几方面的工作。

①千方百计促使旺食多餐，保证仔猪多吃快长。

②适时防疫注射和去势。仔猪 20 日龄时，可以同时注射猪瘟和副伤寒两种疫苗，40 日龄注射猪丹毒和猪肺疫疫苗。对于不做种用的仔猪，一般在 1 月龄前后，体重达到 6 ~ 10kg 时进行去势。但是，防疫注射和去势不要同时进行。

③及时断乳。仔猪一般在生后 45 ~ 60d 断乳。留种用的和体弱的仔猪，以 60 日龄断乳为宜。对育肥用的仔猪，可 45 日龄断乳。

④加强断乳后的饲养管理。应做到不换圈、不换料、不混群、不换饲养员。要增加饲喂次数，注意供给清洁的饮水，保持圈舍干燥卫生，温度适宜。断乳后 10 ~ 15d，根据仔猪用途、性别、体重大小、体质强弱和吃食快慢等不同，进行分群喂养。每圈 3 ~ 5 头。尽量使同圈的猪都能吃饱睡好，生长均匀。

二、育肥猪的饲养管理技术

育肥猪对一个种猪场来说是最好管理的阶段，是猪只对环境条件要求最低的阶段，也是猪场赚钱的最后冲刺阶段，育肥猪生产性能的发挥决定着一个猪场的盈利多少。但一般情况下，猪场往往把饲养管理的重点放在对母猪、种猪或哺乳仔猪的管理上，而不重视对育肥猪的管理。因此对育肥猪应加强饲养管理，不能在这一环节疏忽大意，造成不必要的损失。

（一）育肥猪的生理特性

育肥猪的生理特点和发育规律，可以按猪的体重将其生长过程划分为2个阶段，即生长期和育肥期。

（1）生长期　体重20～60kg为生长期。该阶段猪的机体各组织、器官的生长发育功能不很完善，尤其是20kg左右体重的猪，其消化系统的功能较弱，消化液中某些有效成分不能满足猪的需要，影响了营养物质的吸收和利用，并且这一阶段猪只胃的容积较小，神经系统和机体对外界环境的抵抗力也正处于逐渐完善阶段。该阶段主要是骨骼和肌肉的生长，而脂肪的增长比较缓慢。

（2）育肥期　体重60kg至出栏为育肥期。此阶段猪的各器官、系统的功能都逐渐完善，尤其是消化系统有了很大发展，对各种饲料的消化吸收能力都有很大改善；神经系统和机体对外界的抵抗力也逐渐提高，能够较快速适应周围温度、湿度等环境因素的变化。此阶段猪的脂肪组织生长旺盛，肌肉和骨骼的生长较为缓慢。

（二）育肥猪的饲喂管理

（1）日粮搭配多样化　猪只生长需要各种营养物质，单一饲粮往往营养不全面，不能满足猪生长发育的要求。多种饲料搭配应用可以发挥蛋白质及其他营养物质的互补作用，从而提高蛋白质等营养物质的消化率和利用率。研究证明，单一玉米喂猪，蛋白质利用率为51%，单一肉骨粉则为41%，如果把2份玉米加1份肉骨粉混合喂猪，蛋白质利用率可提高到61%。

（2）饲喂定时、定量、定质　定时指每天喂猪的时间和次数要固定，这样不仅使猪的生活有规律，而且有利于消化液的分泌，提高猪的食欲和饲料利用率。要根据具体饲料确定饲喂次数。精料为主时，每天喂 2 ~3 次即可，青粗饲料较多的猪场每天要增加 1 ~2 次。夏季昼长夜短，白天可增喂一次，冬季昼短夜长，应加喂一顿夜食。

饲喂要定量，不要忽多忽少，以免影响食欲，降低饲料的消化率。要根据猪的食欲情况和生长阶段随时调整喂量，每次饲喂掌握在八九成饱为宜，使猪在每次饲喂时都能保持旺盛的食欲。

变换饲料时，要逐渐进行，使猪有个适应和习惯的过程，这样有利于提高猪的食欲以及饲料的消化利用率。

(3) 以生饲料喂猪　饲料煮熟后，破坏了相当一部分维生素，若高温久煮，使饲料中的蛋白质发生变性，降低其消化利用率，且有些青绿多汁饲料，闷煮后可能产生亚硝酸盐，易造成猪只中毒死亡。生料喂猪还可以节省燃料，减少开支，降低饲养成本。

(三) 育肥猪的饲养方式

饲养方式可分为自由采食与限制饲喂 2 种，一般情况下，自由采食日增重高，沉积脂肪多，胴体品质较差，饲料利用率低。限量饲喂饲料利用率高，胴体背膘较薄，但日增重较低。可采用前促后控饲养法，即前期（60kg 以下）利用猪主要长瘦肉的生长发育阶段，采用自由采食法。利用猪脂肪生长快的阶段，实行限制饲养。

饲料品质不仅影响猪的增重和饲料利用率，而且影响胴体品质。猪是单胃杂食动物，饲料中的不饱和脂肪酸直接沉积于体脂，使猪体脂变软，不利于长期保存，因此，在肉猪出栏上市前 2 个月应该用含不饱和脂肪酸少的饲料，防止产生软脂。

(四) 育肥猪的环境管理

(1) 防寒与防暑　温度过低时，猪用于维持体温的热能增多，使日增重下降；温度过高，猪食欲下降，代谢增强，饲料利用率也降低。因此，夏季要作好防暑工作，增加饮水量，冬季要喂温食，必要时修建暖圈。

(2) 防止育肥猪过度运动和惊恐　生长猪在育肥过程中，应防止过度的运动，特别是激烈地争斗或追赶。过度运动不仅消耗体内能量，而且使猪易患应激综合征，突然出现痉挛，四肢僵硬，严重时会造成猪只死亡。

(3) 分群技术　要根据猪的品种、性别、体重和吃食情况进行合理分群，以保证猪的生长发育均匀。分群时，一般掌握“留弱不留强”、“夜合昼不合”的原则。分群后经过一段时间饲养，要随时进行调整分群。

(4) 调教与卫生　从小就加强猪的调教，使其养成“三点定位”的习惯，使猪吃食、睡觉和排粪尿固定，这样不仅能够保持猪圈清洁卫生，有有利于垫土积肥，减轻饲养员的劳动强度。猪圈应每天打扫，这样既减少猪病，又有利于提高猪的日增重和饲料利用率。

(5) 去势、驱虫与防疫　猪去势后，性器官停止发育，性机能停止活动，猪表现安静，食欲增强，同化作用加强，脂肪沉积能力增加，日增重可提高7%～10%，饲料利用率也提高，而且肉质细嫩、味美、无异味。在生长期前驱虫一次，驱虫后可提高增重和饲料利用率。按照一定的免疫程序定期进行疾病预防工作，定期进行检疫和疫情监测，及时发现病情。

（五）清洁消毒

猪栏要每天清扫，清扫出的粪便可用堆肥发酵方法处理，既可消灭粪便中的病原体，又可提高肥效；或者排入粪池进行沉淀、消毒后，作肥料使用。栏舍周围的环境也要经常清扫整理，清除杂草，排除污水，填平洼地。猪栏每月定期大清洗、大消毒2次，包括栏舍、用具等的消毒。下批猪入圈之前，要进行一次彻底的清扫、消毒。在疫情发生季节或受周围疫情威胁时，要进行彻底的清扫和药物消毒。对规模养殖场，应根据本场实际情况制订严格的防疫卫生制度，做好经常性卫生消毒工作。

常用的消毒药有石灰、烧碱（氢氧化钠）、漂白粉等。一般消毒的具体做法：猪圈、场地经彻底打扫后，用10%～20%生石灰乳浇泼与涂刷，或用2%～4%烧碱水、5%～20%漂白粉溶液、菌素敌溶液等喷洒。消毒后，关闭门窗2～3h，然后打开通风，同时将食槽及地面用清水冲洗干净。猪场及猪舍门口应设立消毒设施或消毒池，病猪使用过的车辆、运输工具均需用5%～10%漂白粉或2%～4%烧碱水喷洒消毒，经2～3h再用清水冲洗。

三、种公猪的饲养管理技术

（一）种公猪的选择

养好种公猪是实现多胎高产的第一关，种公猪具有理想的繁殖性能有很重要的价值，因为较小数量的种公猪要配相当大数量的母猪。

种公猪理想的繁殖性能是体质健壮，生长发育良好，膘情适中，性机能旺盛，利用年限长。精液数量多，品质好，配种受胎率高。公猪易调教，性情温顺，没有恶癖。

（二）种公猪的饲养

公猪射精量大，射精时间长，体力消耗大。猪的精液中95%的水，3.7%的蛋白质，因此必须从饲料中获得充足的营养，尤其是蛋白质。日粮中的蛋白质应为14%～16%。钙、磷缺乏时会造成精子畸形和死亡，日粮中应含钙0.6%～0.75%，磷0.5%～0.6%，食盐为0.3%～0.4%。维生素对睾丸的发育和提高精液品质起着重要作用，尤其是维生素A、维生素C、维生素 E 更是公猪不可缺少的营养物质，应加倍量添加，当日粮中缺乏维生素 A 时，公猪的睾丸会发生肿胀或萎缩，不能产生精子；缺乏维生素 C、维生素 E 时，则会引起精液品质的下降。在维生素添加不确实的情况下，加喂青绿饲料。饲喂量应按公猪的体重、年龄和配种利用强度来确定，一般为 2.0～3.0kg。瘦肉型种公猪的参考饲料配方见表 3－4。

表 3－4　瘦肉型种公猪的参考饲料配方

饲料组成	比例（%）	营养水平	
玉米	58.42	消化能（MJ/kg）	1.4
麸皮	20	粗蛋白质（%）	16
豆饼	8	钙（%）	0.65
花生饼	7	磷（%）	0.6
鱼粉	4	赖氨酸（%）	0.7
骨粉	1.18		
食盐	0.4		
预混料	1		
合计	100		

公猪过肥会造成配种能力下降，这种情况多数由饲料单一，能量饲料过多，而蛋白质、矿物质和维生素饲料不足引起的。公猪过瘦，精液品质差，造成母猪受胎率低，这种情况大多数因精量减少，营养不良或配种过度所致。

种公猪应少喂粗饲料，以防垂腹。季节性配种，应在配种前一个月调整营养水平，配种前检查精液质量。配种季节过后应逐步降低营养水平，但仍需维持种用体况，消化能 12.5MJ/kg，粗蛋白质 13% 以上。

（三）种公猪的管理

公猪一般单圈饲养，每间猪舍面积为 6.0～7.5m^2，安置在

场内安静、向阳和远离母猪舍的地方。这样可以避免因母猪声音、气味的刺激而造成精神不安和食欲减退。并设有运动场地。如合群运动，必须从小训练。运动能增强公猪体质，防止肥胖、虚弱，促进食欲，增强各器官发育和机能。经常清扫猪舍和刷拭猪体，保持圈舍和猪体卫生。坚持合理运动，提高种公猪的新陈代谢，促进食欲，增强体质健壮。坚持定期检查精液品质，以便随时调整营养水平和配种频率。合理使用种公猪，有利于延长其种用年限和充分发挥繁殖能力。要经常修整蹄子，以免交配时损伤母猪。公猪应定期称重，防止过肥，保持 8 成膘的种用体况。

四、母猪的饲养管理技术

（一）后备母猪的选择

猪场的母猪群一般年更新约 30% ~40%，将老龄（6 胎以上）、产仔过少、产后不发情及伤残有病的母猪及时淘汰，每年选留相应的后备母猪来补充。选留时，一是符合该品种的特征特性和选育的目标要求；二是体质结实，四肢健壮，后躯发育好，体重较大，乳头 7 对以上且排列均匀整齐，无瞎乳头；三是应在母猪产仔数量多、哺乳能力强，母性好的窝中选留，以便获得高产基因；四是把计划选留后备母猪窝中的公猪寄养给其他母猪，以便加强对母仔的培育，提高后备母猪生产性能；五是不在产公仔比例超过 60% 的窝中选留后备母猪，来自公猪较多的窝中选留的后备母猪配种成功率较低。

后备母猪的选留时间，一般在 2 月龄仔培结束时进行第 1 次选择，体重达 70 ~80kg 时进行第 2 次选择，到配种时根据配种难易程度进行第 3 次选择。

（二）后备母猪的饲养管理

选种后的后备母猪应喂给营养水平较高的饲料，即消化能

13MJ/kg，粗蛋白质 15%，赖氨酸 0.7%，钙为 0.95%，磷为 0.80%，自由采食直到配种，以满足体增长的需要。如果后备猪膘太大需要限饲，会减少日粮中 Ca、P 的摄入量，导致肢蹄病和腿病的发生，应增加钙、磷的供给量。后备母猪第一次发情时不要配种，因为第一次发情排卵较少，且后备母猪一般体重 90kg 左右，远没达到体成熟，配种过早影响其长期的繁殖性能。一般初配时间应选在 8 月龄，体重 110 ~ 130kg。在第 1 ~ 2 个发情期间，增加采食量即催情补饲可增加排卵数。而配种后的采食量应及时降下来，此时高水平的饲养可降低血浆中黄体激素水平，影响胚胎着床。

瘦肉型猪的发情较我国的地方猪不明显，要使青年母猪获得较高的发情率和受胎率，利用公猪刺激是先决条件。方法是将青年母猪每天赶到成年种公猪栏 20min，并做好记录。有条件的应在第一个发情期用试情或没有授精能力的公猪与之交配。另外后备母猪增加运动和将后备母猪混群饲养，也能促进发情。对于到了发情年龄而不发情的母猪用激素处理是下策。经试验乏情后备母猪肌内注射孕马血清促性腺激素（PMSG）1 600IU/头，2d 后注射氯前列烯醇（PG）3ml/头，配种受胎率较高，而单独使用孕马血清促性腺激素时，发情率较高，但受胎率不理想。

（三）妊娠母猪的饲养管理

饲养妊娠母猪的中心任务是保证胎儿能在母体内得到充分的生长发育，防止吸收胎儿、流产和死胎的发生，并保证母猪生产出数量多、初生体重大、体质健壮和均匀整齐的仔猪。

1. 妊娠前期的饲养管理

妊娠前期（即配种到妊娠的第 25 天）高水平的饲料摄入可降低胚胎的存活，尤其是配种后的前 2 周。建议妊娠前期的饲喂水平应为维持需要的 1.5 倍以下（日喂量 1.8 ~ 2.0kg）

2. 妊娠中期的饲养管理

妊娠中期（配后的25～84d）仍为限制饲养，此期胚胎发育较慢，高的采食量对胚胎数、胎盘及胚胎重、体长都没影响。但由于这一阶段的营养水平对初生仔猪的肌纤维生长和出生后的生长发育很重要，因此饲喂量应从每天1.8kg增至2.5kg左右。

在妊娠的前期和中期的限制饲养有以下几方面的好处。

①增加胚胎存活。

②减轻母猪的分娩困难。

③减少母猪行动不便压死初生仔猪。

④降低饲养成本，可利用母猪妊娠代谢增强的特点，以优质的青粗饲料取代部分精料。

⑤乳房炎发生减少。

⑥延长母猪的繁殖寿命。

在妊娠前期和中期限制饲料摄入量的方法有以下几种。

(1) 单独饲喂法　利用单体栏对妊娠母猪单独饲喂，避免母猪之间互相抢食、厮咬，减少仔猪出生前的死亡率，同时便于管理，每人可饲养300多头，节省饲养成本。但是这种单体栏限制了母猪运动，并且设备投资较高。

(2) 日粮稀释法　在母猪的日粮中掺加高纤维的饲料，让母猪自由采食。但应注意母猪妊娠代谢增强，对粗纤维的消化能力较高，应相对减少精料的喂量，防止母猪过能。

(3) 隔天饲喂法　当母猪成群饲养时，由于强夺弱食，达不到限饲的目的，应给母猪制定一个饲养计划，在一周的3d中，允许母猪自由采食6～8h，剩余的4d，母猪只饮水，不给饲料。从国外的一些研究资料看，母猪很容易适应这个系统，母猪的繁殖性能没有降低。下面是每天饲喂1.8kg饲料的隔天饲喂计划。

(4) 电子饲喂系统　使用电子饲喂器自动供给各个母猪预

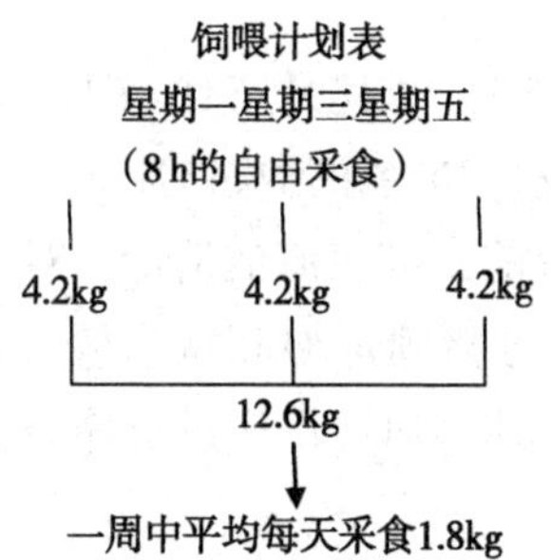

定的饲喂量，用计算机控制，通过母猪耳标的密码或项圈上的传感器来识别母猪。当母猪采食时，计算机就分给它每天饲料中的一小部分。

3. 妊娠后期的饲养管理

妊娠后期（84～114d），胎儿的生长发育加快，母猪本身也需要一定的营养储备，因此母猪的营养需要量增加。母猪的日采食量应从 2.5kg 增加到 3.5kg 左右。如在妊娠后期将母猪日采食量增加 1～1.5kg，将使仔猪初生重增加 50～100g。若母猪的采食量在妊娠最后一周不足 3kg，则母猪的背膘将减少 1.5～2.0mm。

妊娠期间母猪的日粮的营养水平，推荐消化能在 12.5～13.0MJ/kg，粗蛋白质含 13%，赖氨酸为 0.6%，钙为 0.8%。磷为 0.65%。但在妊娠各期究竟饲喂量是多少，由若干因素来决定，例如母猪体格的大小、体况、舍饲的方法，所处的环境和本身的健康状况等。因此，必须根据母猪的体况对饲养方案进行评估，以保证饲料摄入量达到满意的水平。评估的最好方法是给母猪称重。一般母猪在第 4～5 胎时才能达到体成熟，母猪本身需增 10kg 的体重，再加上胎儿（每头 1.3kg）、胎膜、羊水、子宫、乳房、总增重应在 35kg 左右，而第 5 胎后，妊娠期增加

25kg 即可。

一般产仔前 2～3d，尤其是产仔当天，母猪要减少喂料量，这样可减少乳房炎发生和粪尿污染产床。

在母猪进分娩舍前，彻底清洁消毒，对母猪产床、仔猪保温箱或地板（活动）、母猪固定架和饮水管等都要彻底清洁消毒。在母猪进产房前 1 星期，对冲洗栏进行体表清洗和消毒，然后转入分娩舍准备生产。

准备好接产用具，并做好抢救假死仔猪和难产母猪的准备。在母猪分娩完毕后，肌内注射催产素 20～40IU，可促进胎衣和子宫内容物的排出，加快子宫复原，促进泌乳。

4. 纤维在妊娠日粮中的应用

妊娠母猪代谢能力增强，消化粗纤维的能力高于生长猪，尤其是大肠的发酵能力很大。饲喂粗纤维日粮经发酵产生挥发性脂肪酸，可供胚胎发育利用，增加初生仔猪肝糖元储备。妊娠期间饲喂粗纤维日粮可增加母猪在泌乳期间的采食量。高纤维日粮可使产活仔数增加，断奶仔猪增加 0.3～0.7 头，还可减少母猪异食、降低母猪的精料消耗和延长繁殖寿命。

5. 脂肪在妊娠日粮中的应用

仔猪断奶前的死亡率为 10%～25%，其中 60% 的死亡主要发生在出生后的 4d 内，主要原因是仔猪能量储备少，冻、饿和压死。因此在母猪妊娠后期饲料中添加脂肪可增加胎猪的能量储备及母猪产后的泌乳量及乳脂率，从而提高仔猪的成活率和断乳重。妊娠后期母猪日粮中应添加 5%～7% 的脂肪，以提高断乳仔猪存活率。

6. 妊娠期的管理

主要是防止流产死胎。从饲喂上应严禁使用发霉、变质或冰冻饲料，夏天多喂青绿饲料或加倍量添加维生素，以防热应激。

在管理上应防群养母猪打架，保持地面清洁、干燥，防止打滑。

（四）泌乳母猪的饲养管理

每头哺乳母猪的日产乳量大约为7kg，所以哺乳期应当加强饲养管理，使哺乳母猪采食量增加到最大限度，体重的减少降到最低程度。

从分娩当天开始，提供新鲜饲料，尽量让其多吃。通过提供高能量日粮，增加能量的摄入，给予足够的蛋白质，以保证在断乳后及时发情和排卵。在哺乳期如果蛋白质不足，会影响断乳后母猪的发情和受孕，特别是对于初产母猪影响较大。通常是先供给稀料，2～3d后饲料喂量逐渐增多。5～7d改喂潮拌料，饲料量可达到饲养标准规定量。最好日喂3次，有条件的话可加喂一些优质青绿饲料。

泌乳母猪的日粮应含消化能13.0～13.8MJ/kg，粗蛋白质14%～16%，脂肪4%，赖氨酸0.7%，每天的摄入量6～8kg。如果妊娠期母猪的采食量达不到应有的量，那么日粮的能量和蛋白水平必须增加。

母猪哺乳期的需水量大，每天可达32L。缺水将抑制母猪的采食量。自动饮水器应安装在母猪容易接近的位置，并经常检查水流量是否满足。只有保证充足清洁的饮水，才能有正常的泌乳量。

保持猪舍环境安静、清洁干燥、舒适温暖，夏季要防暑，冬季要防寒，让母猪得到充分休息。保持猪舍光线充足，尽量让母猪和仔猪多接触阳光，呼吸新鲜空气，以增强体质。固定乳头，常检查乳房，如有损伤及时治疗。训练母猪养成两侧交替躺卧的习惯，便于乳房发育均匀和仔猪吮乳。圈栏应平坦，特别是产床要去掉突出的尖物，防止伤及乳头。

（五）断乳至发情配种的饲养管理

母猪断乳后，正常的给料供水，增加乳房里奶的压力，会有效地快速停止奶的分泌，并刺激其很快发情。

断乳至发情的饲喂水平对排卵数及窝产仔数有影响。初产母猪断乳后不能及时发情的重要原因是体况弱，因此除个别的肥胖母猪外，一般断乳后仍用哺乳母猪料喂至发情配种，以促进及时发情和多排卵，但配种后应立即将饲喂量降下来。

断乳日龄的选择应根据各自的条件。有的猪场为防止疫病由母猪直接传给仔猪，实行超早期断乳，即 21 日龄前断乳，但是随着断乳日龄的缩短，母猪受胎率和产仔数下降，原因是此期子宫没有完全恢复。另外母猪提前断乳（早于 21d），也缩短了母猪的繁殖寿命。所以对于饲养管理条件好的猪场，应推荐 21～28d 断乳，条件稍差的 35～42d 断乳较宜。

第四章 猪病防治技术

第一节　养猪场卫生防疫制度

猪病防治必须坚持“预防为主”的方针，采取加强饲养管理、搞好环境卫生、开展防疫检疫、定期驱虫、预防中毒等综合性防治措施，将饲养管理工作和防疫工作紧密结合起来，建立健全切实可行的卫生防疫制度，以杜绝疫病的发生，确保养猪生产的顺利进行，向用户提供优质健康的种猪或商品猪。

一、日常卫生管理制度

①禁止无关人员进入生产区，减少人员流动。外来人员必须进生产区时，要更换场区工作服和工作鞋，并遵守场内防疫制度，按指定路线行走。

②饲养员不得串岗，各饲养阶段用具不得相互借用。

③保持良好的安静环境条件，避免和减轻各种应激反应。

④保持猪舍清洁卫生，通风良好，粪便及时清理。

⑤保持合理密度，避免过分拥挤、频繁捕捉和突然驱赶。

⑥禁止在场内屠宰和解剖猪只。

⑦场区内禁止饲养其他动物，严禁将其他动物、动物肉品及其副产品带进场内。

⑧猪场污水要进行无害化处理，避免其对本场及周围环境造成污染。

⑨定期防鼠、灭鼠、灭蚊蝇，定期驱虫。

二、定期消毒制度

①场区及生产区入口设立消毒池，所有车辆需经彻底消毒后方可进入。

②工作人员进入生产区净道和猪舍要更衣、紫外线消毒。

③猪舍、料槽、水槽等每周消毒一次，产房每次使用前清洗、消毒。

④传染病扑灭后及疫区（点）解除封锁前，必须进行一次终末大消毒。

⑤生猪周转实行“全进全出”制，每批猪调出后，猪圈要进行冲洗、消毒，至少空圈1～2周后才能再次使用。

⑥及时清理垫料和粪便，采用堆积发酵法杀灭病菌和虫卵。

⑦消灭蚊蝇滋生地，杀虫，灭鼠，消灭疫病的传播媒介。

⑧消毒时，先将猪舍、用具及运动场内的粪尿污物清扫干净，或铲去表层土壤，再用药物喷洒、熏蒸或火焰喷射彻底消毒。

⑨消毒药可选用新配制的10%～20%石灰乳、2%～5%氢氧化钠、0.2%～0.5%过氧乙酸溶液、0.1%新洁尔灭、漂白粉等。

⑩定期进行带猪消毒，有利于减少环境中的病原微生物。可用于带猪消毒的消毒药有0.1%新洁尔灭、0.3%过氧乙酸和

0.1%次氯酸钠等。

三、定期巡视制度

①饲养人员应随时留心观察猪群的状态，尤其要注意采食量、饮水量、粪便的异常；呼吸及步态的异常。发现异常立即报告兽医。

②驻场兽医根据工作安排，对所监管的饲养场进行每周至少2次巡查，密切注视疫情动态，对养殖场用药、用料、病死畜禽无害化处理等进行检查，认真填写监管记录，指导督促养殖企业和养殖户完善免疫、饲养和无害化档案。

四、新引入猪和病猪隔离制度

①新引入猪只应在隔离圈内隔离饲养15～30d，确认健康后方可进入生产区，进入生产区前进行体表消毒并补注有关疫苗。

②病猪应在隔离圈内隔离治疗，痊愈后经消毒才能与健康猪合群饲养。

③隔离圈内猪的排泄物应经专门处理后才能用作肥料。

④兽医及饲养人员进出隔离圈要及时消毒。

⑤隔离圈应位于猪场主风向的下风向，与健康猪圈有一定的距离或有墙隔离，隔离圈内猪只应有专人饲喂，严禁隔离圈的设备、用具及饲养员进入健康猪圈。

⑥不能治愈而淘汰的病猪和病死猪尸体应在兽医监督下合理处理，粪便和垫料等送往指定地点销毁或深埋，然后彻底消毒隔离圈。

五、疫情报告及病死猪无害化处理制度

①饲养人员发现异常猪后，应立即报告兽医，准确说明病猪

的位置（舍号、圈号）、病猪号、发病情况等。

②兽医人员接到报告后，应立即对病猪进行诊断和治疗；发现传染病和病情严重时，立即报告猪场领导，并提出相应的治疗或处理方案。发现疫情时要立即报告场长，由场长向动物卫生监督机构或动物疫病预防与控制机构报告，逐级上报疫情。

③所有病死猪只不得出售，不得食用，不得随意丢弃。

④病死猪及其排泄物必须在动物卫生监督部门监督下进行无害化处理，并作好周边地区消毒工作，严防污染环境或疫情传播。

⑤对于疑似烈性传染病例或疑似人畜共患传染病例禁止解剖。

⑥无害化处理后，相关人员要做好处理记录，以便有关部门或人员查阅。

六、定期免疫预防制度

①严格执行消毒制度，严格执行养殖场的猪群免疫程序，建立有效的疫病预防体系。

②加强饲养管理、饲料的质量和饮水的清洁卫生，增强猪的抵抗力。

③定期给猪投喂预防性药物，但免疫期间不能投药（患病猪除外）。

④认真做好口蹄疫、高致病性蓝耳病、猪瘟等强制性免疫病种及其他疫病的免疫接种工作，严格遵守操作程序，确保免疫质量。

⑤建立疫苗出入库制度，严格按要求贮存疫苗，确保疫苗的有效性。凡是过期、变质、失效的疫苗一律禁止使用。

⑥废弃疫苗及使用过的废弃物要作无害化处理。

⑦猪只接种疫苗后按规定佩戴免疫标识。

⑧健全后备种猪、基础种猪的免疫档案。

⑨定期对主要病种进行免疫监测，完善免疫程序。出现疫情时，采取相应净化措施。

⑩定期驱虫。

七、兽药使用管理制度

①加强饲养管理，坚持预防为主，尽量减少化学药物和抗生素的使用。

②根据发病情况，选择适当药物进行疫病防治，严格执行休药期。

③所用兽药应有产品批准文号，其质量符合《中国兽药典》或农业部有关兽药质量标准。

④严格按照国家有关规定和标签说明合理保管和使用兽药，不任意加大剂量。

⑤严禁使用未经农业部批准的或国家明令禁止的兽药和瘦肉精等其他化合物，不使用原料药和人用药。

⑥使用兽药和饲料药物添加剂，出栏前应严格执行休药期规定，没有规定休药期的，休药期不应少于28d。

八、疾病防治档案管理制度

疾病防治资料应及时收集、归档，做永久性保存。

①免疫预防档案：包括接种疫苗种类、批号，生产厂家，接种时间、猪只年龄、接种后反应及免疫效果等。

②疾病治疗档案：包括与猪病情有关的一切材料，如病猪号、圈位、发病时间、临床症状、诊断、治疗经过、处方等，还应包括预后、死亡原因、剖检变化及尸体处理等。

第二节 常见传染病防疫技术

一、仔猪黄痢

（一）概述

仔猪黄痢（Yellow scour of newborn piglets）又叫早发性大肠杆菌病，是由大肠杆菌引起的仔猪的急性、高度致死性的肠道传染病，主要症状以排出黄色稀粪和急性死亡为特征。发病快、病程短，高发病率和死亡率。

本病在我国较多的地区和猪场都有发生，常见的菌株有：O8：K88，K99，O60：O138：K81，O139：K82，O141：K85，O45，O115，O147，O101，O149 等血清型，这些菌株大多数能形成肠毒素，可以引起仔猪发病和死亡。

（二）诊断要点

（1）流行特点　该病主要发生在 5 日龄以内的乳仔猪，以 1～3 日龄最为多见，7 日龄以上的乳仔猪较少发生此病。在产仔季节常可使很多窝仔猪同时发病，每窝仔猪发病率最高可达 100%；以第 1 胎母猪所产仔猪发病率最高，死亡率也高。带菌母猪是本病发生的主要传染源，由粪便排出病菌、污染母猪的乳头、皮肤及环境，经消化道途径感染。本病的流行无季节性。

（2）临诊症状　潜伏期最短的为 8～10h，一般在 24h 左右。病仔猪突然发生腹泻，粪便呈黄色浆糊状或黄色水样，并含有凝乳小片。病猪严重脱水，体重迅速下降，最后因衰竭昏迷死亡。

（3）病理变化　主要病变是胃肠卡他性炎症和败血症的变化，表现为肠黏膜肿胀、充血或出血；胃黏膜红肿；肠系膜淋巴结充血、肿大，切面多汁；心、肝、肾有变性，重者有出血点，有的还有小的坏死灶。

(4) 细菌分离与鉴定　取新鲜死猪小肠前段内容物，接种于麦康培养基上，挑取红色菌落作溶血试验和生化试验，或用大肠杆菌因子血清鉴定血清型。

(5) 诊断　根据流行病学、临床症状和病理变化可作出初步诊断。确诊需进行细菌学检查。

(三) 防控技术

1. 预防措施

①做好圈舍及环境的卫生及消毒工作；做好产房及母猪的清洁卫生和护理工作。

②做好对初生仔猪“开奶”前的用药工作。在仔猪出生后未吃初乳前，即全窝逐头口服抗菌药物（庆大霉素、链霉素等），每天服 1 次，连用 3d，以防止发病。

③做好对母猪的免疫接种工作，提高保护率。常发地区，可用大肠杆菌腹泻 K88、K99、987P 三价灭活菌苗，或大肠杆菌 K88、K99 双价基因工程灭活苗，给产前一个月怀孕母猪注射，以通过母乳获得被动保护，防止发病。

2. 药物治疗

(1) 抗菌素药物疗法　一旦有病猪出现，立即对全窝仔猪给药，常用药物有土霉素、庆大霉素、磺胺甲基嘧啶、磺胺咪、黄连素等。由于细菌易产生抗药性，最好先做药敏试验，选用敏感药物用于治疗，方能收到好的疗效。

庆大霉素注射液，肌内注射，8 万 IU/头，1 天 2 次，连用 3d。硫酸卡那霉素注射液，肌内注射，每千克体重 10 ~ 15mg，1d2 次，连用 3d。对排出水样粪便的严重病仔猪，可用“腹泻康”与氧氟沙星注射液混合，肌内注射，3 ~ 5ml，并喂服葡萄糖液（添加少量精盐）。

（2）微生态制剂疗法　目前市场上有促菌生、乳康生和调痢生等3种制剂。三者都有调整胃肠道内菌群平衡，预防和治疗仔猪黄痢的作用。在服用微生态制剂期间禁止服用抗菌药物。

二、仔猪白痢

（一）概述

仔猪白痢（White scour of piglets）又叫仔猪大肠杆菌病，由大肠杆菌引起的10～30日龄以内仔猪的常发疾病。临诊症状以下痢、排出灰白色粥状粪便为特征。在剖检上主要为卡他性胃肠炎变化。

（二）诊断要点

（1）流行特点　以10～20日龄仔猪多发，30日龄以上仔猪很少发病，一年四季均可发生，以冬季和炎热夏季气候骤变时多发。母猪的饲养管理和猪舍卫生等多方面的各种不良的应激，都是促进本病发生的重要原因，并可影响病情的轻重和能否痊愈。

（2）临床症状　突然发生腹泻，粪便呈浆糊状，乳白色、灰白色或淡黄色，味腥臭。随着病势加重，病猪精神不振，被毛无光，眼结膜和皮肤苍白，肛门周围被粪便污染不洁，表现口渴、不吃奶，食欲减退，逐渐消瘦，脱水，堆叠伏卧，发育迟缓，拱背，行动迟缓，体温无明显变化。一般病程2～3d，长的1周左右，但病愈后严重影响仔猪生长发育，并容易继发其他疾病，常成僵猪，有的并发肺炎，常因衰竭而死亡，大约有10%的死亡率，高的可达50%以上。总的说来，如能改善饲养管理，及时进行治疗，预后是良好的。

（3）病理变化　尸体外表苍白、消瘦。胃黏膜充血、出血、水肿，覆盖黏液。肠壁变薄，灰白半透明，肠黏膜易剥落，肠内空虚。肠系膜淋巴结肿大、水肿，滤泡肿胀。

(4) 诊断　根据流行病学、临床症状和病理变化可作出初步诊断。必要时，需做细菌学检查。

(三) 防控技术

1. 预防措施

①加强妊娠母猪和哺乳母猪的饲养管理，保持泌乳量的平衡，防止乳汁过浓或过稀。

②做好产仔母猪产前产后的护理工作，母猪产仔前，将圈舍(产圈) 打扫干净，彻底消毒，或用火焰喷灯消毒铁架和地面。母猪乳房用消毒液或温水洗净、擦干。阴门及腹部亦应擦洗干净。

③妊娠母猪于产前 21d、14d 用仔猪大肠杆菌基因工程五价苗（K88、K99、987P、F41、LTB）1 头份，各免疫接种一次。

④母猪产前或产后 8h 内注射强效土霉素注射液（0. 5ml/kg)。

⑤做好仔猪的饲养管理。提早补料，并抓好补料工作。出生仔猪没吃初乳前，给仔猪喂服助消化、抗菌等药物，预防本病的发生。

2. 治疗

①长效治菌磺，每千克体重 0. 2 ~ 0. 3ml，肌内注射；或痢疾沙星，百痢净 2 ~ 4ml，肌内注射，2 次/d。

②肌内注射痢菌净、黄连素 2 次/d，每次 2 ~ 5mg，连用 2d。

③重症病例，恩诺沙星注射液 + 磺胺间甲氧嘧啶钠注射液(0. 2ml/kg)，混合后肌内注射，1 次/d，连用 2 次。

④经久难治者，用诺氟沙星注射液（0. 1ml/kg），直接稀释后深部肌内注射，1 次/d，连用 3d。

三、猪传染性胃肠炎

（一）概述

猪传染性胃肠炎（Transmissiblegastroenteritis of pigs，TGE）是由猪传染性胃肠炎病毒（TGEV）引起的猪的一种高度接触性肠道疾病。以呕吐，严重腹泻和失水为特征。

（二）诊断要点

（1）流行特点　各种年龄的猪均可感染。10 日龄以内仔猪病死率很高，可达 100%，5 周龄以上猪的死亡率很低，成年猪几乎没有死亡。本病的发生有明显的季节性，一般多发生于冬季和春季，发病高峰为 1～2 月。病猪和带毒猪是本病的主要传染源，病后康复猪带毒时间可长达 8 周，是发病猪场主要传染源。通过粪便、呕吐物、乳汁、鼻分泌物以及呼出气体排泄病毒，污染饲料、饮水、空气等，通过消化道和呼吸道而传染，传播速度很快。新疫区呈流行性，老疫区呈地方性流行或周期性流行。

（2）临床症状　一般 2 周龄以内的仔猪感染后 12～24h 会出现呕吐，继而出现严重的水样或糊状腹泻，粪便呈黄色，常夹有未消化的凝乳块，恶臭，体重迅速下降，仔猪明显脱水，发病 2～7d 死亡，死亡率达 100%；在 2～3 周龄的仔猪，死亡率在 0～10%。断乳猪感染后 2～4d 发病，表现水泻，呈喷射状，粪便呈灰色或褐色，个别猪呕吐，在 5～8d 后腹泻停止，极少死亡，但体重下降，常表现发育不良，成为僵猪。成猪感染后常不发病，部分猪表现轻度水样腹泻，或一时性的软便，对体重无明显影响。有些母猪与患病仔猪密切接触反复感染，症状较重，体温升高，泌乳停止，呕吐、食欲不振和腹泻，也有些哺乳母猪不表现临诊症状。

（3）病理变化 尸体脱水明显，主要病变集中在胃和小肠。胃内充满凝乳块，胃底黏膜充血，有时有出血点，小肠肠壁变薄，肠内充满黄绿色或白色液体，含有气泡和凝乳块；肠系膜血管扩张充血，呈扇形，淋巴结肿大。

（4）诊断 根据流行病学、症状和病变进行综合判定可以作出诊断。进一步确诊，必须进行实验室诊断。

（三）防控技术

1. 预防措施

①平时注意不从疫区或病猪场引进猪只，以免引入本病。搞好环境卫生，加强消毒。

②在疫区对怀孕母猪产前45d及15d，用猪传染性胃肠炎弱毒疫苗进行肌内注射和鼻内各接种1ml，仔猪通过初乳可获得保护。未受到母源抗体保护的仔猪，在生后进行口服接种，4～5d可产生免疫力。

2. 治疗方法

①猪发病期间要适当停食或减食，及时补液。多给清洁水或易消化饲料，也可采用口服补液盐溶液灌服。使用抗菌药物防止继发感染，减轻症状。

②在饮水内加入一些复方抗病毒中药，对防治本病有一定的作用。

四、猪流行性腹泻

（一）概述

猪流行性腹泻（Porcine Epidemic Diarrhea，PED）是由猪流行性腹泻病毒引起的猪的一种接触性肠道传染病。其特征为呕吐、腹泻、脱水。

（二）诊断要点

（1）流行特点　各种年龄的猪都能感染发病。哺乳仔猪、架子猪或育肥猪的发病率很高，尤以哺乳仔猪受害最为严重；母猪发病率变动很大，为15%～90%。病毒多经发病猪的粪便排出，主要通过消化道感染。本病具有一定的季节性，多发生于寒冷季节，据我国调查，本病以12月和翌年1月发生最多。

（2）临床症状　水样腹泻，或者伴随呕吐。呕吐多发生于吃食或吮乳后。少数病猪出现体温升高1～2℃，精神沉郁，食欲减退或不食。1周内新生仔猪常于腹泻后2～4d内因脱水而死亡，病死率可达50%。断奶猪、肥育猪及母猪常呈现精神沉郁和厌食症状，持续腹泻4～7d，逐渐恢复正常。成年猪仅表现精神沉郁、厌食、呕吐等症状，如果没有继发其他疾病且护理得当，很少发生死亡。

（3）病理变化　眼观变化仅限于小肠，小肠扩张，内充满黄色液体，肠系膜充血，肠系膜淋巴结水肿。

（4）诊断　本病在流行病学和临床症状方面与猪传染性胃肠炎相似，根据临诊症状、流行病学、病理变化进行确诊是十分困难的，须进行实验室诊断。

（三）防控技术

本病应用抗生素治疗无效，可参考猪传染性胃肠炎的防制办法。我国已研制出猪流行性腹泻甲醛氢氧化铝灭活疫苗，保护率达85%，可用于预防本病。用猪流行性腹泻和猪传染性胃肠炎二联灭活苗免疫妊娠母猪，乳猪通过初乳获得保护；在发病猪场断奶时用此二联苗免疫接种仔猪，可降低这两种病的发生。

五、猪瘟

（一）概述

猪瘟（Hog cholera 或 classical swine fever，HC 或 CSF）又称猪霍乱，俗称“烂肠瘟”，是由猪瘟病毒引起的一种急性、发热、接触性传染传染病，具有高度传染性和致死性。其特征为高热稽留和小血管变性引起的一种的广泛性出血、梗死和坏死。急性病例呈败血症变化、慢性病例以纤维素性坏死肠炎为特征。

（二）诊断要点

（1）流行特点　不同年龄、性别、品种的猪和野猪都易感。病猪是主要传染源，病猪排泄物和分泌物，病死猪和脏器及尸体、急宰病猪的血、肉、内脏、废水、废料污染的饲料，饮水都可散播病毒，主要传播途径是呼吸道、消化道及损伤的皮肤等，可垂直感染，本病一年四季均可发生，以春、秋、冬季多发。

（2）临床症状　潜伏期 5～7d，长的达 21d。

最急性型病猪常无明显症状，突然死亡，一般出现在初发病地区和流行初期。

急性型可见体温升高达 40～42℃，高热稽留；结膜炎，眼有分泌物；粪便初干燥后腹泻；皮肤出血，背腹皮下出血严重；可以呈现非化脓性脑炎，小猪感染后期运动失调；公猪阴鞘积液，灰白色，腥臭。病程一般为 1～2 周，绝大多数病猪死亡。

慢性型猪瘟多由急性型转变而来，体温时高时低，食欲不振，便秘与腹泻交替出现，逐渐消瘦、贫血，衰弱，被毛粗乱，行走时后肢摇晃无力，行走不稳。有些病猪的耳尖、尾端和四肢下部皮肤呈蓝紫色或坏死、脱落。病程可长达 1 个月以上，最后衰弱死亡。不死亡者，长期发育不良，称为僵猪。繁殖障碍型表现为孕猪长期带毒，将病毒通过胎盘传给胎儿，引起流产、早产、死胎、木乃伊胎、弱小仔猪。

温和型猪瘟（非典型猪瘟）发病和死亡率都较低，但仔猪死亡率较高，成年猪常能耐过。

(3) 病理变化　脏器广泛性出血。淋巴结紫红色，肿胀，切开周边出血，呈大理石样；脾脏呈楔形、暗红色、边缘梗死，不肿大；肾脏出血（土黄色）；膀胱出血；喉头出血，气管出血；扁桃体出血或坏死；心冠脂肪出血，心外膜出血；胃底黏膜出血。慢性型：主要在肠管，盲肠，形成扣状肿（固膜性的，钝性不易剥离），肋骨有骨骺线。

(4) 诊断　根据流行病学、症状、病理变化可初步判断为疑似猪瘟。确诊可用免疫荧光抗体技术，酶标记组织抗原定位法，兔体交互免疫试验，血清中和试验，猪瘟单克隆抗体酶联免疫吸附试验等进行确诊。临床上应注意与猪丹毒、猪肺疫、猪副伤寒、猪链球菌病、弓形虫病等疾病加以鉴别。

(三) 防控技术

1. 预防措施

①彻底消毒：病猪圈、垫草、粪水、吃剩的饲料和用具均应彻底消毒。在猪瘟流行期间，对饲养用具应每隔 2～3d 消毒 1 次，碱性消毒药均有良好的消毒效果。

②免疫接种：严格执行疫苗免疫接种程序，免疫的时间根据其自身抗体水平确定。可根据需要执行定期检疫淘汰带毒猪的净化措施。

2. 治疗措施

①药物治疗：将发病猪隔离或淘汰后，对同群健康的猪使用黄芪多糖注射液经肌内注射进行初步治疗，同时考虑口服抗生素预防或治疗继发感染，同时做好消毒工作。

②紧急免疫接种：将发病猪隔离或淘汰后，对同群健康的猪

可以使用猪瘟弱毒疫苗紧急免疫接种，让未感染猪只快速获得抗病免疫力，使其免遭感染，减少损失。

六、猪链球菌病

（一）概述

猪链球菌病（Swine streptococcal diseases）是由 C、D、F 及 L 群链球菌引起的猪的多种疾病的总称。败血症、化脓性淋巴结炎、脑膜炎以及关节炎是该病的主要特征。猪链球菌 2 型可导致人类的脑膜炎、败血症和心内膜炎，严重时可导致人的死亡。猪链球菌病在养猪业发达的国家都有发生。随着中国规模化养猪业的发展，猪链球菌病已成为养猪生产中的常见病和多发病。

（二）诊断要点

（1）流行特点　该病对猪则不分年龄，品种和性别均易感，但大多数在 3～12 周龄的仔猪暴发流行，尤其在断奶及混群时易出现发病高峰。其传播方式主要通过口或呼吸道传播，也可垂直传播（有些新生仔猪可在分娩时感染）。病猪和病死猪是主要的传染源，亚临床健康的带菌猪可排出病菌成为传染源，对青年猪的感染起重要的作用。昆虫媒介在疾病的传播中起重要作用，通过在猪场间的飞行传播病原菌。本无明显的季节性，一年四季均可发生，但在夏、秋、炎热、潮湿季节多发，一般呈散发和地方性流行，偶有暴发。败血型的发病率一般为 30% 左右，死亡率可达 80%。从外地引入带菌猪，混群、免疫接种、高温高湿、气候变化、圈舍卫生条件差等应激因子使动物的抵抗力降低时，均可诱发猪链球菌病。

（2）临床症状　猪链球菌病可表现为败血型、脑膜炎型、关节炎型和淋巴结脓肿型等。

①败血型：最急性病例主要见于流行初期，发病急，病程

短，往往不见任何异常症状而突然死亡。病猪突然减食或停食，精神委顿，体温升高到41～42℃，呼吸困难，便秘，结膜发绀，卧地不起，口、鼻流出淡红色泡沫样液体，多在6～24h内死亡。

急性病例的病猪表现为精神沉郁，体温升高达43℃，出现稽留热，食欲不振，眼结膜潮红，流泪，鼻腔中流出浆液性或脓性分泌物，呼吸急促，间有咳嗽，颈部、耳廓、腹下及四肢下端皮肤呈紫红色，有出血点，出现跛行，病程稍长，多在1～3d内死亡。

②脑膜炎型：多发生于哺乳仔猪和断奶仔猪，主要表现为神经症状，如运动失调、盲目走动、转圈、空嚼、磨牙、仰卧，后躯麻痹，侧卧于地、四肢划动，似游泳状。病程短的几小时，长的1～5d，致死率极高。

③关节炎型：大多数病例是由败血型和脑膜炎型转变而来的。病猪多表现为四肢关节肿胀，疼痛，跛行，不能站立，病程2～3周。

④淋巴结脓肿型：多见于断奶仔猪和生长育肥猪。主要表现为在颌下、咽部、颈部等处的淋巴结化脓和形成脓肿。病程3～5周。

（3）病理变化

①败血型最急性型病例口鼻流出红色泡沫液体，气管、支气管充血，内充满泡沫液体。急性病例表现为耳、胸、腹下部和四肢内侧皮肤有一定数量的出血点，皮下组织广泛出血。病死猪全身淋巴结肿胀、出血。心包内积有淡黄色液体，心内膜出血。脾、肾肿大、出血。胃和小肠黏膜充血、出血。关节腔和浆膜腔有纤维素性渗出物。

②脑膜脑炎型病例表现为脑膜充血、出血、溢血，个别病例出现脑膜下积液，脑组织切面有点状出血。

③慢性病例关节腔内有黄色胶冻样、纤维素性以及脓性渗出物，淋巴结脓肿。

(4) 诊断　根据体表出血，神经症状、关节肿胀和脏器广泛性出血可以做出初步诊断。确诊必须依靠实验室检测。由于在猪链球菌病在引起体表出血方面要与仔猪副伤寒、猪繁殖与呼吸障碍综合征、猪瘟、猪肺疫、附红细胞体病等病相鉴别诊断，在引起神经症状方面要与水肿病和副猪嗜血杆菌病相鉴别诊断。

(三) 防控技术

1. 预防措施

①预防本病主要应加强饲养管理，搞好环境卫生消毒。无论对规模化养猪场，还是农村散养户，搞好饲养管理、坚持自繁自养和全进全出的饲养方式、保证猪群充足的营养、减少应激因素、做好环境卫生、控制人员和物品的流动、做好其他疫病的防制等对预防猪链球菌的发生具有重要作用。

②猪只断尾、去齿和去势应严格消毒，猪只出现外伤应及时进行外科处理，防止受到链球菌的感染。

③引进种猪应严格执行检疫隔离制度，淘汰带菌母猪。

④经常有本病流行和发生的地区和猪场可在饲料中适当添加一些抗菌药物如四环素、恩诺沙星、氧氟沙星、磺胺类药物和头孢类药物等会收到一定的预防效果。抗菌药物的选择应基于药敏试验的结果，选用对猪链球菌敏感的药物。

⑤疫区和流行猪场应进行疫苗免疫接种。

2. 治疗措施

对散发病死猪进行扑杀处理，对同群猪只立即进行免疫接种，或在饲料中添加抗菌药物进行预防，并隔离观察14d。必要时对同群猪进行扑杀处理。对被扑杀的猪、病死猪及排泄物、可能被污染饲料、污水等进行无害化处理。对可能被污染的物品、交通工具、用具、畜舍进行严格彻底消毒。对疫区、受威胁区所有易感猪只进行紧急免疫接种或在饲料中添加抗菌药物进行预防。

七、猪副伤寒

（一）概述

猪副伤寒（Paratyphus Swine）又称猪沙门氏菌病，是由沙门氏杆菌属的细菌引起仔猪的一种传染病。急性型表现为败血症，慢性型以顽固性腹泻和固膜性肠炎为特征。

（二）诊断要点

（1）流行特点　本病发生于6月龄以下的仔猪，以1～4月龄的仔猪多发。病畜和带菌者是主要的传染源，病菌污染饲料和饮水，经消化道传播。当外界不良因素，如环境污染、潮湿、饲料和饮水供应不良、长途运输中气候恶劣、疲劳和饥饿、断奶过早等，使动物抵抗力降低时，均可促进本病的发生。一年四季均可发生，多雨潮湿季节发病较多。一般呈散发性或地方流行性。

（2）临床症状　潜伏期3～30d。临床上分为急性型和慢性型。

①急性型（败血型）：多见于断奶后不久的仔猪。病猪体温升高（41～42℃），食欲不振，精神沉郁，病初便秘，以后下痢，粪便恶臭，有时带血，常有腹部疼痛症状，弓背尖叫。耳、腹部及四肢皮肤呈深红色，后期呈青紫色。有时出现症状后24h内死亡，但多数病程为2～4d。病死率很高。

②慢性型（结肠炎型）：此型最为常见，临床表现与肠型猪瘟相似。体温稍升高，精神不振，食欲减退，便秘和下痢反复交替发生，粪便呈灰白色，淡黄色或暗绿色，形同粥状，有恶臭，有时带血和坏死组织碎片，以后逐渐脱水消瘦，皮肤上出现痂样

湿疹。病程 2～3 周或更长，最后衰竭死亡。

（3）病理变化

①急性型：主要以败血症为主，淋巴器官肿大淤血出血，全身黏膜、浆膜有出血点，耳及腹下皮肤有紫斑。脾肿大呈暗紫色，肝肿大，有针头大小的灰白色坏死灶。

②慢性型：特征病变是坏死性肠炎，肠壁肥厚，黏膜表面坏死和纤维蛋白渗出形成轮状。肝有灰黄色针尖样坏死点。

（4）诊断　根据临床症状、病理变化，结合流行情况进行诊断，类症鉴别有困难时，可做实验室检查，进行细菌分离鉴定。

（三）防控技术

1. 预防措施

（1）改善饲养管理　消除发病诱因，增强猪只的抗病能力。

（2）免疫接种　仔猪副伤寒弱毒冻干苗适用于 1 月龄以上哺乳仔猪或断乳的健康仔猪。口服或注射均可。以口服法为常用，使用时稀释成每头份 5～10ml，均匀地拌于饲料中，让猪自行采食，或每头份菌苗稀释成 1～10ml 后逐头灌服。注射途径免疫时，用 20% 氢氧化铝胶稀释成每头份 1ml，对 1 月龄以上健康仔猪，每头耳后肌内注射 1ml。注射法免疫，有时会出现减食，体温升高，局部肿胀，呕吐，腹泻等接种反应，一般经 1～2d 后即自行恢复。口服免疫接种反应很轻微。用本疫苗口服或注射前后 4d 应禁止使用抗生素类药物。以免影响免疫效果。

2. 治疗措施

（1）抗菌药物治疗　土霉素每千克体重 20～50mg，肌内注射，连用数天。新霉素每千克体重 40～50mg，分 2～3 次内服，连用 3～5d。氟哌酸每千克体重 10mg，每天内服 2 次，连用 3～5d。

（2）磺胺类药疗法　磺胺甲基异恶唑（SMZ）或磺胺嘧啶（SD），每千克体重 20～40mg；加甲氧苄氨嘧啶（TMP），每千克体重 4～8mg，混合分 2 次内服，连服 1 周。

（3）强心、补液或维生素制剂　对症治疗。

（4）发生本病时应立即进行隔离消毒　运动场和猪舍可用 20% 新鲜石灰乳或 3% 来苏尔喷洒消毒，粪便、垫草堆积发酵或烧毁。死亡病猪应严格执行无害化处理。

八、猪伪狂犬病

（一）概述

猪伪狂犬病（Porcine pseudorabies，PR）是由伪狂犬病病毒引起的猪的急性传染病。其主要特征新生仔猪以高热、神经症状为特征，有的见呕吐、腹泻；大猪多为隐性感染，也可出现发热和呼吸系统症状，怀孕母猪主要出现流产和死胎。

（二）诊断要点

（1）流行特点　病猪和带毒猪是本病的传染源。带毒鼠类、猫、狗也是重要传播媒介。病毒主要随病猪的分泌物（鼻汁、唾液、尿和乳汁等）排出，污染饲料、饮水、垫草及栅栏等周围环境，或通过精液而传给健康猪。传播途径主要是直接或间接接触，还可经呼吸道黏膜、破损的皮肤和配种等发生感染。本病一年四季都可发生，但以冬春和产仔旺季多发。2 周龄内仔猪发病率和死亡率几乎达到 100%，成年猪和母猪常常继发细菌或病毒感染，加重病程，增加死亡率。

（2）临床症状　2 周龄以内哺乳仔猪，病初发热，呕吐、下痢、厌食、精神不振，呼吸困难，呈腹式呼吸，继而出现神经症状，共济失调，最后衰竭而死亡。

3～4 周龄猪主要症状同上，病程略长，多便秘，病死率可达40% ~60%。部分耐过猪常有后遗症，如偏瘫和发育受阻。

2月龄以上猪，症状轻微或隐性感染，表现一过性发热、咳嗽、便秘，有的病猪呕吐，多在3~4d恢复。部分病猪出现体温继续升高，继而出现神经症状，震颤、共济失调，头向上抬，背拱起，倒地后四肢痉挛，间歇性发作。

怀孕母猪表现为咳嗽、发热、精神不振。随后发生流产、木乃伊胎、死胎和弱仔。所产弱仔猪1~2h内出现呕吐和腹泻，运动失调，痉挛，角弓反张，通常在24~36h内死亡。

(3) 病理变化　一般无特征性病变。如有神经症状，脑膜明显充血，出血和水肿，脑脊髓液增多。扁桃体和脾均有散在白色坏死点。肺水肿、有小叶性间质性肺炎、胃黏膜有卡他性炎症、胃底黏膜出血。流产胎儿的脑和臀部皮肤有出血点，肾和心肌出血，肝和脾有灰白色坏死灶。

(4) 诊断　据临床症状、病理变化、流行病学资料分析可作出初步诊断，确诊本病必须进行实验室检查。病毒分离鉴定，PCR检测病毒。血清学断方法有：反向间接血凝试验、酶联免疫吸附试验、免疫荧光技术、乳胶凝集试验、琼脂免疫扩散试验、血凝和血凝抑制试验等。同时要注意与猪细小病毒、流行性乙型脑炎病毒、猪繁殖与呼吸综合征病毒、猪瘟病毒、弓形虫及布鲁氏菌等引起的母猪繁殖障碍相区别。

(三) 防控技术

1. 预防措施

①本病主要应以预防为主，对新引进的猪要进行严格的检疫，引进后要隔离观察、抽血检验，对检出阳性猪要注射疫苗，不可作种用。

②种猪要定期进行灭活苗免疫，育肥猪或断奶猪也应在2~4月龄时用活苗或灭活苗免疫。

③猪场进行定期严格的消毒措施，最好使用2%的氢氧化钠（烧碱）溶液或酚类消毒剂。

④在猪场内要执行严格的灭鼠措施，消灭鼠类带毒传播疾病的危险。

2. 治疗措施

本病目前无特效治疗药物，对感染发病猪可注射猪伪狂犬病高免血清，它对断奶仔猪有明显效果，同时应用黄芪多糖等中药制剂配合治疗。对未发病受威胁猪进行紧急免疫接种。

九、猪口蹄疫

（一）概述

猪口蹄疫（Swine Foot and Mouth Disease，FMD）是由口蹄疫病毒引起的一种人兽共患传染病。临床特征是在蹄冠、趾间、蹄踵等发生水泡和烂斑，部分病猪口腔黏膜和鼻盘也有同样变化。

（二）诊断要点

（1）流行特点　猪对口蹄疫病毒特别易感，病猪和带毒猪是主要的传染源，经呼吸道、消化道及损失的黏膜和皮肤而感染。一年四季均可发生，但多见于冬、春寒冷的季节。本病传播迅速，流行猛烈，常呈流行性发生。发病率很高，良性口蹄疫病死率一般不超过5%，但恶性口蹄疫死亡率可超过50%。

（2）临床症状　以蹄部水泡为主要特征，病初体温升高至40～41℃，精神沉郁，食欲减少或废绝，蹄冠、蹄叉、蹄踵部、口鼻部、口腔黏膜及乳头皮肤出现水泡和溃烂。哺乳仔猪的口蹄疫通常呈急性胃肠炎和心肌炎而突然死亡，病死率可达60%～80%，病程稍长者，亦可见到口腔（齿龈、唇、舌等）及鼻面上有水泡和糜烂。

(3) 病理变化　除口腔和蹄部的水泡和烂斑外，在咽喉、气管、支气管和胃黏膜可见烂斑和溃疡，肠黏膜可见出血性炎症。另外，具有重要诊断意义的是心脏病变，心包膜有弥散性及点状出血，心肌松软，心肌切面有灰白色或淡黄色斑点或条纹，似虎皮斑纹，故称“虎斑心”。

(4) 诊断　根据临床症状和病变可作出初步诊断，出现可疑病猪，可采集水泡皮和水泡液，进行实验室检查以确诊。

(三) 防控技术

搞好饲养管理，落实各项生物安全措施，坚持消毒制度，防止其他动物进入猪舍和生产区，实行隔离饲养、全进全出的管理制度。

定期进行免疫检测和疫病监控，按国家颁发的《口蹄疫防治技术规范》法规文件的规定落实各项防控技术措施。

1. 净化措施

目前我国对口蹄疫的防治措施一般为“封杀消免”四字方针。

(1) 封锁　猪口蹄疫发生时应及时向上级主管部门报告，立即采取隔离、封锁，以减少损失，经过全面大消毒，疫区的猪在解除封锁后 3 月，方能全面解除进入非疫区。

(2) 捕杀　对发病猪及与发病猪相接触的可疑感染猪进行捕杀。

(3) 消毒　疫点严格消毒，粪便堆积发酵处理，场地，物品，器具要严格消毒。预防人的口蹄疫，主要依靠个人自身防护。

(4) 免疫接种　发生口蹄疫时，需用与当地流行的相同病毒型、亚型的弱毒疫苗或灭活疫苗进行免疫预防。弱毒疫苗由于毒力与免疫力之间难以平衡，不太安全，因此目前各国主要研制和应用灭活疫苗。对疫区和受威胁区内的健康猪进行紧急接种，在受威胁地区的周围建立免疫带以防疫情扩散。

2. 治疗措施

发生口蹄疫后，良性口蹄疫一般经 10 ~14d 自愈。猪舍应保持清洁、通风、干燥、暖和，多垫软草，多给饮水。

为了防止病猪继续向外散播病原，使疫情进一步扩散，所以本病发生后，一定要按照“封杀消免”的四字方针处理，不允许治疗。

十、猪水疱病

（一）概述

猪水疱病（Swine Vesicular Disease，SVD）又名猪传染性水疱病，是由猪水疱病毒引起猪的一种接触性传染病。以蹄冠、蹄叉以及偶见唇、舌、鼻镜和乳头等部位皮肤或黏膜上发生水泡为特征。

（二）诊断要点

（1）流行特点　猪是唯一的自然宿主，不分年龄、性别、品种均可感染。病猪、康复带毒猪和隐性感染猪是主要传染源，病畜的水泡皮、水泡液、粪便、血液以及肠道、毒血症期所有组织含有大量病毒。污染的圈舍、车辆、工具、饲料及运动场地均是危险的传染源。本病病毒易通过宿主黏膜（消化道、呼吸道黏膜和眼结膜）和损伤的皮肤感染，孕猪可经胎盘传播给胎儿。本病一年四季均可发生，但多见于冬、春两季，呈地方流行性。散养发病率低。

（2）临床症状　按照病情的典型与否，一般可以分为典型性、温和型和隐性型。

①典型型：发病初期，病猪出现跛行，关节痛疼，不愿站立

和采食，尤以小猪感染最为严重。病猪体温升高 2～4℃，水疱破溃后即降至正常体温。蹄冠、蹄叉、鼻盘以及舌、唇和母猪乳头发生水疱，水泡破溃后形成糜烂，蹄壳松动或脱落；通常发病后 1 周内恢复，最长不超过 3 周。

②温和型和隐性型：温和型病例只见少数病猪出现水泡，传播缓慢，症状轻微，往往不容易被察觉。隐性型感染后不表现症状，但感染猪能排出病毒，对易感猪有很大的危险性。

（3）病理变化　特征性病变主要是在蹄部、鼻盘、唇、舌面及乳房出现水疱。水疱破裂后水泡皮脱落，暴露出的创面有出血和溃疡。个别病例心内膜有条状出血斑。其他脏器无可见病变。

（4）诊断　本病在临诊上与口蹄疫、水泡性口炎极为相似，要注意鉴别诊断。该病的确诊，须进行实验室检查，可以使用动物实验和 ELISA 方法或者 PCR 诊断方法进行确诊。

（三）防控技术

1. 预防措施

①做好日常消毒工作，对猪舍、环境、运输工具用有效消毒药（如 5% 氨水、10% 漂白粉、3% 福尔马林和 3% 的氢氧化钠等溶液）进行定期消毒。

②在引进猪和猪产品时，必须严格检疫。

③在本病常发地区进行免疫预防，据报道国内外应用豚鼠化弱毒疫苗和细胞培养弱毒疫苗对猪免疫，其保护率达 80% 以上，免疫期 6 个月以上。用水泡皮和仓鼠传代毒制成灭活苗有良好免疫效果，保护率达 75%～100%。

2. 治疗措施

发生本病时，要及时向上级动物防疫部门报告，对可疑病猪进行隔离，对污染的场所、用具要严格消毒，粪便、垫草等堆积发酵消毒。对病猪待水疱破后，用0.1%高锰酸钾或2%明矾水洗净，涂布紫药水或碘甘油，数日可治愈。

十一、猪附红细胞体病

（一）概述

猪附红细胞体病（Swine eperythrozoonosis）是猪附红细胞体寄生于红细胞表面、血浆和骨髓等处引起的一种以发热、黄疸、贫血等为主要临床症状的人畜共患病。

（二）诊断要点

（1）*流行特点*　各种年龄的猪均易感，但以仔猪和母猪多见，其中哺乳仔猪的发病率和死亡率较高，被阉割后几周的仔猪尤其容易感染发病。猪附红细胞体在猪群中的感染率很高，可达90%以上。病猪和隐性感染带菌猪是主要传染源。可通过接触、血源、交配、垂直及媒介昆虫（如蚊子）叮咬等多种途径传播。动物之间可通过舔伤口、互相斗咬等直接传播也可通过被污染的注射器、手术器械等媒介物而传播。本病一年四季都可发生，但多发生于夏、秋和雨水较多的季节，以及气候易变的冬、春季节。气候恶劣、饲养管理不善、疾病等应激因素均能导致病情加重，疫情传播面积扩大，经济损失增加。猪附红细胞体病可继发于其他疾病，也可与一些疾病合并发生。

（2）*临床症状*

①仔猪：仔猪感染发病后症状明显，常呈急性经过，发病率和死亡率较高。急性期主要表现为皮肤黏膜苍白和黄疸，其中小于5日龄的仔猪主要表现为皮肤苍白和黄疸；断奶前后的仔猪则以贫血为主，偶尔可见黄疸。病猪精神不振、食欲下降或废绝、反应迟钝、步态不稳、消化不良。高热达42℃，四肢特别是耳

廓边缘发绀，耳廓边缘的浅至暗红色是其特征性症状。有的可见整个耳廓、尾及四肢末端明显发绀。当感染持续时间较长或发生持续感染时，耳廓边缘甚至耳廓可能发生坏死。耐过仔猪往往生长不良而成僵猪，并可能再次发生感染。慢性附红细胞体病猪表现为消瘦、苍白，一般在腹部皮下可见出血点。

②育肥猪和母猪：育肥猪感染后呈典型的溶血性黄疸，贫血症状较少见。常见皮肤潮红，有针尖大小的红斑，尤其以耳部皮肤明显，体温升高达40℃以上。精神萎靡不振，食欲下降。死亡率较低。母猪呈急性或慢性经过。感染常见于临产母猪或分娩后3～4d。急性期母猪表现食欲不振、精神萎靡，持续高热达42℃，贫血，黏膜苍白，乳房或外阴水肿可持续1～3d，产奶量下降。感染母猪可发生繁殖障碍，表现为早产、产弱仔和死胎。母猪的受胎率降低，不发情或发情期不规律。

(3) 病理变化　主要表现为贫血及黄疸。全身皮肤黏膜、脂肪和脏器显著黄染，常呈泛发性黄疸。重症者血液稀薄、色淡、凝固不良。全身淋巴结肿大，苍白或黄染、切面外翻，有液体渗出，尤其是腹股沟淋巴结明显肿大，外周常有一层类似结缔组织的包膜，有韧性，一般为白色或淡黄色。肝脏肿大变性呈黄棕色，表面有黄色条纹状或灰白色坏死灶。脾脏肿大，呈暗黑色，有的脾脏有针头大至米粒大灰白（黄）色坏死结节。肾脏肿大，有小出血点或黄色斑点。胃底部出血，坏死较严重。

(4) 诊断　根据流行病学、临床症状和病理变化可作初步诊断，确诊需要进行实验室检测。鲜血压片镜检可见红细胞变形，血浆中抖动、转动的原点状病原体。临床上要注意与猪肺疫、猪气喘病、猪弓形虫病、猪传染性胸膜肺炎相鉴别。

(三) 防控技术

1. 预防措施

①加强猪群的日常饲养管理，饲喂高营养的全价料，保持猪群的健康；保持猪舍良好的温度、湿度和通风；消除应激因素，特别是在本病的高发季节，应扑灭蜱、虱子、蚤、螫蝇等吸血昆虫，断绝其与动物接触。

②对注射针头、注射器应严格进行消毒，无论疫苗接种，还是治疗注射，应保证每猪一个针头。母猪接产时应严格消毒。

③加强环境卫生消毒，保持猪舍的清洁卫生，粪便及时清扫，定期消毒，定期驱虫，减少猪群的感染机会和降低猪群的感染率。

④药物预防，可定期在饲料中添加预防量的土霉素、四环素、强力霉素、金霉素、阿散酸，对本病有很好的预防效果。每吨饲料中添加金霉素48g或每升水中添加50mg，连续7d，可预防大猪群发生本病；分娩前给母猪注射土霉素（每千克体重11mg），可防止母猪发病；对1日龄仔猪注射土霉素50mg/头，可防止仔猪发生附红细胞体病。

2. 治疗措施

四环素、卡那霉素、强力霉素、土霉素、黄色素、血虫净(贝尼尔)、砷制剂（阿散酸）等可用于治疗本病，一般认为四环素和砷制剂效果较好。对猪附红细胞体病进行早期及时治疗可收到很好的效果。

十二、猪繁殖与呼吸综合征

(一) 概述

猪繁殖与呼吸综合征（Porcine reproductive and respiratory syndrome，PRRS）又称蓝耳病)，是由猪繁殖与呼吸综合征病毒

（PRRSV）引起的猪的一种高度接触性传染病。该病以妊娠母猪的繁殖障碍（流产、死胎、弱胎、木乃伊胎）以及仔猪呼吸困难、败血症、高死亡率等为主要特征。现已经成为规模化猪场的主要疫病之一。

（二）诊断要点

（1）流行特点　不同年龄、品种和性别的猪均能感染，但以妊娠母猪和1月龄以内的仔猪最易感；主要感染途径为呼吸道，空气传播、接触传播、精液传播和垂直传播为主要的传播方式，病猪、带毒猪和患病母猪所产的仔猪以及被污染的环境、用具都是重要的传染源。此病在仔猪中传播比在成猪中传播更容易。当健康猪与病猪接触，如同圈饲养，频繁调运，高度集中，都容易导致本病发生和流行。猪场卫生条件差，气候恶劣、饲养密度大，可促进猪繁殖与呼吸综合征的流行。本病无明显的季节性，一年四季均可发生。初发地区呈暴发式流行，发生过的地区则要缓和些。

（2）临床症状　病猪体温升高，食欲减少，精神不振，少数病猪耳部发绀，呈蓝紫色；妊娠母猪还可见早产、死胎和产弱仔；仔猪出生后发生呼吸困难，体温升高，全身症状明显，致死率可达80%～100%；成年公猪和青年猪发病后也可出现全身症状，但较轻。

高致病性猪繁殖与呼吸综合征（蓝耳病）是由猪繁殖与呼吸综合征病毒变异株引起的一种急性高致死性传染病。病猪出现41℃以上持续高热；不分年龄段均出现急性死亡；仔猪出现高发病率和高死亡率，发病率可达100%，死亡可达50%以上，母猪流产率可达30%以上。临床主要表现为发烧、厌食或不食；耳部、口鼻部、后躯及股内侧皮肤发红、淤血、出血斑、丘疹、眼结膜炎、咳嗽、喘等呼吸道症状；后躯无力、不能站立或摇摆、圆圈运动、抽搐等神经症状；部分发病猪呈顽固性腹泻。由于发病急，病情重，所以对猪场的危害较大。

(3) 病理变化　主要眼观病变是肺弥漫性间质性肺炎，并伴有细胞浸润和卡他性肺炎区，肺水肿，在腹膜以及肾周围脂肪、肠系膜淋巴结、皮下脂肪和肌肉等处发生水肿。

高致病性猪蓝耳病主要特点为出血严重。表现为脏器广泛性出血：肺出血、淤血，以及以心叶、尖叶为主的灶性暗红色实变；扁桃体出血、化脓；脑出血、淤血、软化灶及胶冻样物质渗出；心肌出血、坏死；脾、淋巴结新鲜或陈旧性出血、梗死；肾表面和切面部分可见出血点、出血斑等；部分猪肝脏可见黄白色坏死灶或出血灶，肾表面凹凸不平，肠出血等。

(4) 诊断　临床上可根据妊娠母猪后期发生流产和早产大于8%，2周龄以内仔猪死亡率大于20%，1月龄内仔猪死亡率大于或等于20%，而其他猪临床表现缓和。肺弥漫性间质性肺炎等症状与病变可作出初步诊断，确诊必须进行血清学鉴定或病毒分离鉴定。能引起流产的疾病比较多，因此做好猪繁殖与呼吸综合征与其他能引起流产的疾病的鉴别诊断尤为重要，一般在注意与猪瘟、乙型脑炎、伪狂犬病、细小病毒感染、布鲁氏菌病、弓形虫病等病的鉴别诊断。

(三) 防控技术

目前对该病没有特效药物可以治疗。要建立一整套有效的管理策略，尽力切断传播途径或减少传染源，提高敏感动物的抗病能力，预防该病的发生，防止并发或继发感染。

1. 预防措施

①建立和完善以卫生消毒工作为核心的猪场生物安全体系：做好清洁卫生和消毒工作，将卫生消毒工作落实到猪场管理的各个环节。由于PRRS具有高度的传染性，可通过粪、尿、鼻液等

传播，因此，每周至少带猪消毒 1～2 次，消毒前应用清水将猪舍冲洗干净。场区一般每月消毒 1 次。

②防止从外界传入该病毒，加强饲养管理：购猪、引种前必须检疫，确认无该病后方可操作。新引进的种猪要隔离，规模化猪场应彻底实行全进全出，至少要做到产房和保育两个阶段的全进全出。

③疫苗免疫：该病的疫苗免疫一直存在争议。有些人认为免疫疫苗可以起到预防该病的效果，但有些人认为免疫后反而发病率和死亡率会增高。免疫效果不确实的因素比较多，PRRSV 的易变性、多毒株同时存在是疫苗免疫效果不确定的首要原因，另外，该病毒具有超强逃避或调控机体免疫监视的能力，使现有疫苗难以形成效力保护。

2. 治疗措施

目前尚无特效的治疗方法，可用下列方法减少损失。种母猪可用长效土霉素加干扰素治疗，产房仔猪和保育猪可用头孢噻呋加干扰素治疗，育肥猪一般用强力霉素、林可霉素加干扰素治疗，1d1 次，共 3～5 次。另外可在饮水加 5% 葡萄糖，多维、并加大饮水量。使用药物时要严格按照使用期限和使用剂量用药。

十三、猪流行性乙型脑炎

（一）概述

猪流行性乙型脑炎（Swine epidemic encephalitis B）即日本乙型脑炎（Japanese type B encephalitis），简称乙脑，是由流行性乙型脑炎病毒引起的一种急性、人畜共患的传染病。主要以高热、母猪流产、死胎和公猪睾丸炎为特征。

（二）诊断要点

（1）流行特点　猪不分品种和性别均易感，感染后出现病毒血症的时间较长，血中的病毒含量较高，媒介吸血雌蚊吸血过程中进一步传播该病，而且猪的饲养数量大，周转快，容易通过猪—蚊—猪等的循环，扩大病毒的传播，所以猪是本病毒的主要增殖宿主和传染源。本病主要通过带病毒的蚊虫叮咬而传播。本病在猪群中的流行特征是感染率高，发病率低，绝大多数在病愈后不再复发，成为带毒猪。在热带地区，本病全年均可发生。在亚热带和温带地区本病有明显的季节性，主要在夏季至初秋的7~9月流行，这与蚊的生态学有密切关系。

（2）临床症状　常突然发病，体温升高达40~41℃，呈稽留热，精神沉郁、嗜睡。食欲减退，饮欲增加。粪便干燥呈球状，表面常附有灰白色黏液，尿呈深黄色。有的猪后肢轻度麻痹，步态不稳，也有后肢关节肿胀、跛行。个别表现明显神经症状，视力障碍，摆头，乱冲乱撞，后肢麻痹，最后倒地不起而死亡。

妊娠母猪常突然发生流产。流产前除有轻度减食或发热外，常不被人们所注意。流产多在妊娠后期发生，流产后症状减轻，体温、食欲恢复正常。少数母猪流产后从阴道流出红褐色乃至灰褐色黏液，胎衣不下。母猪流产后对继续繁殖无影响。

流产胎儿多为死胎或木乃伊胎，或濒于死亡。部分存活仔猪虽然外表正常，但衰弱不能站立，不会吮乳；有的生后出现神经症状，全身痉挛，倒地不起，1~3d死亡。有些仔猪哺乳期生长良莠不齐，同一窝仔猪有很大差别。

公猪发病后表现为睾丸炎，高热后一侧或两侧睾丸肿胀、阴囊发热，指压睾丸有痛感。数日后睾丸肿胀消退，逐渐萎缩变硬。

（3）病理变化　脑膜和脊髓膜充血，脑脊髓液增多。肝、脾、肾有坏死灶；全身淋巴结出血；肺淤血、水肿。子宫黏膜充血、出血和有黏液。胎盘水肿或见出血。流产胎儿脑水肿，皮下血样浸润，肌肉似水煮样，腹水增多；木乃伊胎儿从拇指大小到正常大小；公猪睾丸实质充血、出血和小坏死灶，有的睾丸萎缩硬化。

（4）诊断　根据本病发生有明显的季节性及母猪发生流产、死胎、木乃伊胎，公猪睾丸肿大，可作出初步诊断。确诊必须进行实验室诊断，进行病毒分离，荧光抗体试验、补体结合试验、中和试验和血凝抑制试验等。

（三）防控技术

①免疫接种。我国研制选育的仓鼠肾细胞培养的弱毒活疫苗，安全有效。预防注射应在当地流行开始前1个月内完成。

②消灭传播媒介。以灭蚊防蚊为主，尤其是三带喙库蚊。选用有效杀虫剂（如毒死蜱、双硫磷等）定期进行喷药灭蚊。必要时应加防蚊设备。

③本病无特效疗法，应积极采取对症疗法和支持疗法。用抗菌素防止继发感染，同时应用吗啉胍、板蓝根等抗病毒药可提高其治愈率。用降低颅内压药，减轻脑水肿。常用的药有20%甘露醇、10%葡萄糖混合静注。对兴奋不安的病猪可用氯丙嗪注射液。高热的配以解热药。

第三节　常见寄生虫病防疫技术

一、猪肠道线虫病

（一）概述

寄生于猪肠道的线虫主要有猪蛔虫、猪鞭虫（猪毛尾线虫)、猪结节虫（猪食道口线虫)、猪钩虫（猪球首线虫)、猪杆虫（蓝氏类圆线虫）等。

（二）生活史

（1）猪蛔虫　寄生于猪小肠内。为黄白色或淡红色的大型线虫。雄虫长150～250mm，直径约3mm，尾端向腹面弯曲，雌虫长200～400mm，直径约5mm，尾端尖直。猪蛔虫卵随粪便排至体外后，在适宜的温度、湿度和充足氧气的环境中发育为含幼虫的感染性虫卵，猪吞食了感染性虫卵而被感染，在小肠内幼虫逸出，钻入肠壁毛细血管，经门静脉到达肝脏后，经后腔静脉回流到左心，通过肺动脉毛细血管进入肺泡。幼虫在肺脏中停留发育，蜕皮生长后，随黏液一起到达咽部，进入口腔，再次被咽下，在小肠内发育为成虫。自吞食感染性虫卵到发育为成虫，需2～2.5个月。猪蛔虫在宿主体内的寄生期限为7～10个月。

（2）猪鞭虫（猪毛尾线虫）　寄生于猪的大肠，主要是盲肠。虫体呈乳白色鞭状，前部细长丝状（约占全长的2/3）为食道部，后部粗短为体部。雄虫长20～52mm，后端卷曲；雌虫长39～53mm；后端钝直。鞭虫以感染性虫卵经口感染猪。猪吞食了虫卵后，幼虫在小肠内逸出，钻入肠绒毛间发育，经一定时间后再移入结肠和盲肠内发育为成虫。自吞食感染性虫卵到发育为成虫，约需30～40d。成虫寿命为4～5个月。

（3）猪结节虫（猪食道口线虫）　寄生于猪的结肠，幼虫可在肠壁形成结节。虫体为白色小线虫，雄虫长6.5～9mm，雌虫长8～13mm。猪结节虫卵随粪排出体外，在适宜的外界环境中发育为感染性幼虫，猪吞食了感染性幼虫而被感染。有的幼虫钻入大肠固有膜的深处形成结节，幼虫在结节中蜕皮后，重新返回肠腔发育为成虫。自吞食感染性幼虫到发育为成虫约需6～7周。

(4) 猪钩虫（猪球首线虫）　寄生于猪的小肠内。虫体淡红色，粗短。雄虫长4～7mm；雌虫长6～8mm，低倍显微镜下观察，口囊呈球形或漏斗状，口孔位于亚背位。猪钩虫以感染性幼虫感染猪，可以经口感染，也可经皮感染。

(5) 猪杆虫（蓝氏类圆线虫）　寄生于猪的小肠，主要在十二指肠黏膜。在猪体内仅有雌虫，白色纤细，长3.1～4.6mm，直径0.055～0.080mm。猪杆虫的生活史比较特殊，在猪体内寄生的雌虫营孤雌生殖，雌虫产出的含幼虫卵随粪排出体外后，孵出杆状蚴（食道短，具有2个食道球），在外界环境条件有利于虫体发育时，杆状蚴可发育成为营自生生活的雌虫和雄虫，雌雄交配后，雌虫产卵，孵出杆状蚴，再进一步发育为具有感染力的丝状蚴（食道长，约占虫体长1/3，无食道球）。在外界条件不利于虫体发育时，随粪排出的虫卵所孵出的幼虫直接发育为具有感染力的丝状蚴。猪杆虫可经口感染，也可经皮肤感染。经皮肤感染时，按蛔虫的路径在体内移行。

（三）诊断要点

(1) 临床症状　3～6个月龄的幼猪症状明显，逐渐消瘦，贫血，下痢及粪中带有黏液，生长发育受阻。

(2) 剖检　当杆虫的幼虫经皮肤感染仔猪时，可引起仔猪皮肤湿疹，同时也可带入副伤寒杆菌，而造成死亡；此虫体移行到肺时，可引起支气管、肺炎和胸膜炎。蛔虫的幼虫在猪体内移行时，损害路径脏器和组织，破坏血管，引起血管出血和组织坏死。常见肝组织致密，表面有大量出血点或暗红色斑点、肝脂肪变性、坏死；蛔虫性肺炎。结肠壁上有结节。盲肠和结肠上发现炎性病变和大量虫体，虫体前部细长，深深钻入黏膜内，后部短粗，形似鞭子，故称鞭虫。

(3) 实验室检查　可采用直接涂片法或饱和盐水浮集法检

出粪便中的虫卵来确诊。各种虫卵的形态特征如下。

①猪蛔虫卵：大小为（60～70）mm×（40～60）mm，黄褐色或淡黄色，短椭圆形，卵壳厚，最外层为凸凹不平的蛋白膜，卵内含1个圆形的卵胚。

②猪鞭虫卵：大小为（52～61）mm×（27～30）mm，黄褐色，腰鼓形，卵壳厚，两端有透明的“塞”状构造，卵内含1个卵胚。

③猪结节虫卵：大小为（46～52）mm×（26～36）mm，无色透明，椭圆形，卵壳薄，内含数个卵胚细胞。

④猪钩虫卵：大小为（58～61）mm×（34～42）mm，形态与结节虫卵相似。

⑤猪杆虫卵：大小为（45～55）mm×（26～35）mm，无色透明，椭圆形，卵壳薄，内含折刀样的幼虫。

（四）防控技术

（1）*定期驱虫*　对2～6个月龄的仔猪，在断奶后驱虫1次，以后每隔1.5～2个月驱虫1次，这样可以减少仔猪体内的载虫量和降低外界环境的虫卵污染程度。可选用丙硫苯咪唑，每千克体重10mg，混入饲料或配成混悬液给药；左旋咪唑，每千克体重8mg，混入饲料或饮水中给药。

（2）*消灭虫卵*　猪的粪便和垫草清除出圈后，要运到距猪舍较远的场所堆肥发酵或挖坑沤肥，以杀死虫卵。

（3）*注意妊娠母猪产前、产后的管理*　怀孕母猪应在怀孕中期进行1次驱虫，在临产前用肥皂，热水彻底洗刷母猪，除去身上的虫卵，洗净后立即放入预先彻底消毒过的产房内，饲养人员进产房必须换鞋，以防带入虫卵。

（4）*加强猪舍及运动场的卫生管理*　猪舍应通风良好，阳光充足，避免阴暗、潮湿和拥挤。猪圈内要勤打扫、勤冲洗、勤换垫草，减少虫卵污染。运动场和猪舍周围应于每年春末或秋初深翻1次或铲除1层表土，换上新土，并用石灰消毒。场内地面应保持平整，周围须有排水沟，以防积水。

（5）加强饲养管理 合理配合饲料，给予丰富的维生素，适当补充微量元素，以增强猪的抵抗力。保持饲料和饮水清洁，减少断乳仔猪拱土和饮污水的机会。大小猪要分群饲养。

（6）投喂抗生素驱虫 可在饲料中加入有驱虫作用的抗生素添加剂，如潮霉素B、越霉素A。得利肥素为含2%越霉素A饲料添加剂的商品名，每吨饲料中添加得利肥素500g（含越霉素A10mg/kg），每天饲喂，对猪蛔虫、猪鞭虫、猪结节虫均有良好的驱虫效果，有促进猪只生长，改善饲料效率的作用。

二、猪旋毛虫病

（一）概述

猪旋毛虫病（Trichinellosis）是由旋毛虫引起的人畜共患病。旋毛虫的幼虫阶段寄生于猪的肌肉纤维内，成虫阶段寄生于猪的小肠中。我国河南、湖北猪的旋毛虫感染率最高。

（二）生活史

其主要特点是，同一动物既是终宿主，又是中间宿主。当人或动物吃了含有旋毛虫幼虫包囊的肉后，包囊被消化，幼虫逸出钻入十二指肠和空肠的黏膜内，约经1.5～3d即发育成成虫。成虫为白色，前细后粗的小线虫。雄虫长1.4～1.6mm，雌虫长3～4mm。雌雄交配后，雄虫死亡，雌虫钻入肠腺或黏膜下淋巴间隙中产幼虫。大部分幼虫经肠系膜淋巴结到达胸导管，入前腔静脉流入心脏，然后随血流散布到全身，横纹肌是旋毛虫幼虫最适宜的寄生部位。刚进入肌纤维的幼虫是直杆状的，逐渐卷曲并形成包囊。包囊呈圆形或椭圆形，大小为（0.2～0.30）mm ×

（0.40～0.70）mm，眼观呈白色针尖状。包囊内含有囊液和1～2条卷曲的幼虫，个别可达6～7条。一般认为感染后3周开始形成包囊，5～6周甚至9周才完成。包囊在数月至1～2年内开始钙化，钙化包囊的幼虫仍能存活数年。

（三）诊断要点

（1）临床症状　自然感染的病猪无明显症状，生前诊断较困难，猪旋毛虫大多在宰后肉检中发现。

（2）实验室镜检　采屠体两侧膈肌角各一小块，肉样约重30～50g（与屠体编同一号码），先撕去肌膜作肉眼观察，然后在肉样上顺肌纤维方向剪取24块小肉片（小于米粒大），均匀地放在玻片上，再用另一玻片覆盖在它上面并加压，使肉粒压成薄片，在低倍（40～50倍）显微镜下进行检查，以发现包囊和幼虫。新鲜的幼虫及包囊均清晰可见；对钙化包囊，可加数滴5%～10%盐酸使钙盐溶解，1～2h后进行观察。

（3）血清学诊断　可采用酶联免疫吸附试验和间接血凝试验，可在感染后17天测得特异性抗体。

（四）防控技术

1. 预防措施

加强卫生宣传教育，普及预防旋毛虫病知识。

加强肉品卫生检验，定点屠宰，定点检疫，对检出的屠体，应遵章严格处理。

防止人的感染，提倡各种肉类熟食；在流行区要防止旋毛虫通过各种途径对食品和餐具的污染，切生食和切熟食的刀和砧板要分开；沾污生肉屑的抹布、砧板、刀等要洗净，饭前洗手等。

防止猪的感染，不要以生的混有肉屑的泔水喂猪，猪要圈养，以免吃到含旋毛虫幼虫的动物尸体、粪便及昆虫等，猪场应注意灭鼠，加强对饲料的保管，以免鼠类的污染，减少感染来源。

2. 治疗措施

丙硫苯咪唑每千克饲料 300mg，连续饲喂 10d。

三、猪囊尾蚴病

（一）概述

猪囊尾蚴病（Cysticercosis cellulosae）俗称猪囊虫病，是由人的有钩绦虫的幼虫囊尾蚴寄生于猪体横纹肌肉而引起的一种绦虫幼虫病。幼虫主要感染猪，此外，野猪、犬、猫以及人也可感染；成虫寄生在人的小肠内。因此，本病不仅给养猪业带来巨大损失，而且影响公共卫生。本病在我国东北、华北、西南各地较广泛流行。

（二）生活史

猪囊尾蚴是寄生在人体的有钩绦虫的幼虫。猪是人绦虫的中间宿主。

猪囊尾蚴为白色半透明，黄豆大的囊泡，囊壁为薄膜状，囊内充满透明的液体，囊壁上有 1 个绿豆大的白色头节，头节上有棘突和角质性小钩。猪猪囊尾蚴寄生在肌肉内，以舌肌、咬肌、肩腰部肌、股内侧肌及心肌较为常见，严重时全身肌肉以及脑、肝、肺甚至脂肪内也能发现。有猪囊尾蚴寄生的猪肉称为“米猪肉”、“豆猪肉”和“米糁子猪”。

人吃了未煮熟的猪囊尾蚴病猪肉或误食了沾有猪囊尾蚴头节的生冷食品而患有钩绦虫病。猪囊尾蚴进入人的小肠后，在肠液作用下，伸出头节吸附在肠壁上，约经 2 个月发育为成熟的有钩绦虫。有钩绦虫又称猪肉绦虫或链状带绦虫。人是有钩绦虫唯一的终宿主。有钩绦虫寄生在人的小肠内，呈白色带状，长约 2 ~ 4m，虫体由 700 ~ 1 000 个节片组成，头节很小，仅粟粒大，节片由前向后逐渐变大，后端的节片长 3cm，宽 1cm，孕卵节片内有很多虫卵（3 万～5 万个）。成熟的孕卵节片不断脱落，随粪便排出人体。

猪吃了孕卵节片或节片破裂后逸出的虫卵，在小肠内虫卵内的幼虫（六钩蚴）逸出，钻入肠壁，经血流或淋巴到达身体各部，约经 10 周发育为猪囊尾蚴。

猪猪囊尾蚴也可在人体内寄生引起人的囊尾蚴病，如人吃了带有钩绦虫卵的食物，或本身患有绦虫病在恶心呕吐时孕卵节片由小肠逆行到胃，引起囊尾蚴病。

（三）诊断要点

（1）临床症状　猪感染囊尾蚴一般无明显症状。严重感染的猪可能有营养不良、生长迟缓，贫血和水肿等症状；病猪两肩显著外张，臀部增宽呈哑铃状或狮体状体形。如寄生于肺和喉头时，出现呼吸困难、声音嘶哑和吞咽困难等症状；寄生于眼的，有视力障碍甚至失明症状；寄生于脑内，有癫痫和急性脑炎症状甚至死亡。

（2）病理变化　宰后检验主要部位为咬肌、深腰肌和膈肌，其他可检部位为心肌、肩胛外侧肌和股部内侧肌。肉眼可观察到囊尾蚴。

（3）实验室诊断　免疫学方法于用于猪囊尾蚴病的诊断，较常用的有间接血凝试验及酶联吸附试验等。

（四）防控技术

防治猪囊虫病，必须采取“查、驱、管、检”综合性防制措施。

（1）查　商业部门应根据囊虫猪的来源，向卫生防疫部门提供病人可能居住的村庄，展开宣传，普查绦虫病病人。

（2）驱　在普查的基础上，对病人实施驱虫，可采用南瓜子槟榔合剂或灭绦灵等药物。

吡喹酮和丙硫苯咪唑对猪囊尾蚴病有较好的治疗效果。吡喹酮：每千克体重50mg，1d1次，连用3d，口服或以液状石蜡配成20%悬液，肌内注射。丙硫苯咪唑：每千克体重60～65mg，以橄榄油或豆油配成6%悬液，肌内注射或每千克体重20mg，口服，隔48h再服1次，共服3次。

(3) 管 猪要圈养，人粪便要进行无害化处理后再作肥料，尤其是疫源区要坚决杜绝猪吃到人的粪便。

(4) 检 认真贯彻食品卫生法，做好城乡肉品卫生检验工作，发现有囊尾蚴寄生的猪肉应严格按肉品检验规定处理。

四、猪棘球蚴病

(一) 概述

棘球蚴病（Echinococcosis）俗称包虫病，是由细粒棘球绦虫的幼虫—棘球蚴引起的人畜共患寄生虫病。幼虫主要寄生在羊、猪、牛和骆驼等家畜及人的各种脏器内。牧区发生较多，是我国危害严重的人兽共患寄生虫病之一。

(二) 生活史

棘球蚴最常见于肝和肺，此外也可见于心、肾、脾、肌肉、胃等全身各脏器组织内。

棘球蚴为近似球形的囊状虫体，由豌豆大至小儿头大，囊内充满囊液，棘球蚴最表面包围一层结缔组织膜，其内为囊壁，共分两层：外层为角质层，呈乳白色，较厚：内层为胚层（生发层），较薄。胚层向囊内长出许多头节样的原头蚴，有的原头蚴逐渐成为空泡状，并长大而成为育囊（生发囊）。原头蚴和育囊可自胚层脱落而悬浮于囊液中，很像砂粒，称为棘球砂。也有的棘球蚴囊内无原头蚴，称为无头棘球蚴（不育囊），可能系缺少胚层所致。

棘球蚴的成虫—细粒棘球绦虫，寄生在犬、狼等肉食动物的小肠内。犬，狼等吞食了含有成熟棘球蚴的脏器组织而被感染，原头蚴在终宿主小肠内约经7～10周发育为成虫。细粒棘球绦虫虫体很小，全长仅2～6mm，由1个头节和3～4个节片组成。寄生在终宿主小肠内的棘球绦虫数量较多，一般为数百至数千条。棘球绦虫的孕节或虫卵随终宿主粪便排到体外，污染食物，饮水、饲料或牧场。孕节或虫卵被猪等中间宿主吞食后，虫卵内的六钩蚴逸出，钻入肠壁，随血流和淋巴液传布到全身各组织器官中停留下来，缓慢地生长发育为棘球蚴。棘球蚴的发育比较缓慢，经5个月生长直径仅达10mm，一般经数年后，直径可达数十厘米。

（三）诊断要点

棘球蚴病生前诊断较困难，一般都在宰后发现。

免疫诊断法为生前诊断较可靠的方法，较常用的为皮内试验，应用棘球蚴囊液作为抗原，给动物皮内注射0.1～0.2ml，5～10min后如出现0.5～2cm的红斑并有肿胀时即为阳性，具有70%左右的准确性。

（四）防控技术

①防治棘球蚴病要严格管理家犬，对必须留养的各种用途的犬，要定期驱虫，以消灭病原。药物驱虫法如下：吡喹酮：每千克体重6mg，内服；氢溴酸槟榔碱：每千克体重1mg，内服。驱虫后收集排出的粪便和虫体，彻底销毁。直接参与驱虫的工作人员，应注意个人防护。

②要严格屠宰场的卫生管理，禁止在猪场内养犬，严格执行肉品卫生检验制度，妥善处理病猪脏器。

③常与犬接触的人员，尤其是儿童，应注意个人卫生习惯，

防止从犬的被毛等处沾染虫卵，误入口内而感染。

五、猪弓形虫病

（一）概述

猪弓形虫病（Toxoplasmosis）是由刚第弓形虫引起的一种原虫病，是一种呈世界性分布的人兽共患原虫病。通过口、眼、鼻、呼吸道、肠道及皮肤等途径侵入猪体。以高热、呼吸及神经症状及繁殖障碍为特征。猪暴发弓形虫病时，常可引起整个猪场发病，死亡率可高达60%以上。

（二）病原及生活史

弓形虫病的病原是龚地弓形虫，简称弓形虫，它的整个发育过程需要两个宿主。猫是弓形虫的终宿主，在猫小肠上皮细胞内进行类似于球虫发育的裂体增殖和配子生殖，最后形成卵囊，随猫粪排出体外，卵囊在外界环境中，经过孢子增殖发育为含有2个孢子囊的感染性卵囊。

弓形虫对中间宿主的选择不严，已知有200余种动物，包括哺乳类、鸟类、鱼类、爬行类和人都可以作为它的中间宿主，猫亦可以作为弓形虫的中间宿主。在中间宿主体内，弓形虫可在全身各组织脏器的有核细胞内进行无性繁殖，急性期时形成半月形的速殖子（又称滋养体）及许多虫体聚集在一起的虫体集落（又称假囊）；慢性期时虫体呈休眠状态，在脑、眼和心肌中形成圆形的包囊（又称组织囊），囊内含有许多形态与速殖子相似的慢殖子。

动物吃了猫粪中的感染性卵囊或含有弓形虫速殖子或包囊的中间宿主的肉、内脏、渗出物、排泄物和乳汁而被感染。速殖子还可通过皮肤、黏膜途径感染，也可通过胎盘感染胎儿。

（三）诊断要点

1. 临床症状

症状与猪瘟十分近似。病初体温高达 40.5～42.0℃，稽留 7～10d。精神委顿，减食或不食。粪干而带有黏液；离乳小猪多拉稀，粪呈水样，无恶臭。稍后呈现呼吸困难，常呈腹式呼吸或犬坐姿势呼吸，吸气深，呼气浅短；有时有咳嗽和呕吐，流水样或黏液鼻漏。腹股沟淋巴结肿大。末期耳翼，鼻盘，四肢下部及腹下部出现紫红色淤斑。最后呼吸极度困难，后躯摇晃或卧地不起，体温急剧下降而死亡。孕猪往往发生流产或死胎。有的病猪耐过急性期后，症状逐渐减轻，遗留咳嗽，呼吸困难及后躯麻痹、运动障碍、斜颈、癫痫样痉挛等神经症状。有的耳廓末端出现干性坏死，有的呈现视网膜脉络膜炎，甚至失明。

2. 病理变化

剖检可见肺稍膨胀，暗红色带有光泽，间质增宽，有针尖至粟粒大的出血点和灰白色坏死灶，切面流出多量带泡沫的液体。全身淋巴结肿大，灰白色，切面湿润，有粟粒大、灰白色或黄色的坏死灶和大小不一的出血点，肝脏肿大，硬度增加，有针尖大的坏死灶和出血点。肾脏和脾脏亦有坏死灶和出血点，盲肠和结肠有少量散在的黄豆大至榛实大浅溃疡灶，淋巴滤泡肿大或有坏死，胸腹腔液增多。

3. 实验室诊断

（1）涂片检查　可采取胸、腹腔渗出液或肺、肝、淋巴结等作涂片检查，其中以肺脏涂片背景较清楚，检出率较高。涂片标本自然干燥后，甲醇固定，姬氏液或瑞氏液染色后，置显微镜油镜下检查。弓形虫速殖子呈橘瓣状或新月形，一端较尖、另一端钝圆，长 4～7μm，宽 2～4μm，胞浆蓝色，中央有一紫红色的核。有时在宿主细胞内可见到数个到数十个正在繁殖的虫体，呈柠檬状、圆形、卵圆形等各种形状，被寄生的细胞膨胀，形成直径达 15～40μm 的囊，即所谓假囊或称虫体集落。

（2）小白鼠腹腔接种 取肺、肝、淋巴结等病料，研碎后加 10 倍生理盐水（每毫升加青霉素 1 000IU 和链霉素 100mg），在室温中放置 1h，接种前振荡，待重颗粒沉底后，取上清液接种小白鼠腹腔，每只接种 0.5～1ml，接种后观察 20d，若小白鼠出现被毛粗乱，呼吸促迫症状或死亡，取腹腔液及脏器作抹片染色镜检。初代接种的小白鼠可能不发病，可于 14～20d 后，用被接种的小白鼠的肝、淋巴结、脑等组织按上法制成乳剂、盲传 3 代，可能从小白鼠腹腔液中发现虫体，如仍不发病，则判为阴性。

（3）血清学诊断 国内应用较广的为间接血凝试验，猪血清间接血凝凝集价达 1∶64 时判为阳性，1∶256 表示感染。通过试验发现，猪感染弓形虫 7～16d 后，间接血凝抗体滴度明显上升，20～30d 后达高峰，最高可达 1∶2 048，以后逐渐下降，但间接血凝阳性反应可持续半年以上。

（四）防控技术

①猪场内应开展灭鼠活动，同时禁止养猫。加强饲草、饲料的保管，严防被猫粪污染。勿用未经煮熟的屠宰废弃物作为猪的饲料。

②病猪场和疫点也可采用磺胺－6－甲氧嘧啶或配合甲氧苄胺嘧啶连用 7d 进行药物预防。

③磺胺类药对本病有较好的效果，如与增效剂联合应用效果更好，常选用下列配方：

方 1：磺胺嘧啶（SD）每千克体重 70mg，三甲氧苄氨嘧啶（TMP）或二甲氧苄氨嘧啶（DVD）每千克体重 14mg，口服，每天 2 次，连用 3～4d。

方2：磺胺-6-甲氧嘧啶（SMM，又名DS-36）：每千克体重60~100mg，口服，或配合甲氧苄氨嘧啶每千克体重14mg，口服，每日1次，连用4次，首次倍量。

方3：12%复方磺胺甲氧吡嗪注射液，10ml/头，每日肌内注射1次，连用4次。

④猪场发生本病时，应全面检查，对检出的患猪和隐性感染动物应进行登记和隔离，对良种病猪应采用有效药物进行治疗，无治疗价值的病猪，淘汰处理。对患病猪舍，用具使用1%来苏尔液或3%火碱或火焰进行消毒。

六、猪疥螨病

（一）概述

猪疥螨病（Sarcoptidosis）俗称疥癣、癞，是由节肢动物蜘蛛纲、螨目的疥螨所引起的一种接触传染的寄生虫病，主要是由于病猪与健康的直接接触，或通过被螨及其卵污染的圈舍、垫草和饲养管理用具间接接触等而引起感染。幼猪有挤压成堆躺卧的习惯，这是造成本病迅速传播的重要因素。此外，猪舍阴暗、潮湿、环境不卫生及营养不良等均可促进本病的发生和发展。秋冬季节，特别是阴雨天气本病蔓延最快。由于虫体在皮肤内寄生，从而破坏皮肤的完整性，使猪瘙痒不安，导致生长发育不良，逐渐消瘦，甚至死亡。

（二）病原及生活史

疥螨（穿孔疥虫）寄生在猪皮肤深层、由虫体挖凿的隧道内。虫体很小，肉眼难以看到，大小为0.2~0.6mm，呈淡黄色龟状，背面隆起，腹面扁平，腹面有4对短粗的圆锥形肢，虫体前端有一钝圆形口器。疥螨的口器为咀嚼型，在宿主表皮挖凿隧道，以皮肤组织和渗出的淋巴液为食，在隧道内发育和繁殖。疥螨全部发育过程都在宿主体内渡过，包括卵、幼虫、若虫、成虫四个阶段，离开宿主体后，一般仅能存活3周左右。

（三）诊断要点

1. 临床症状

螨病幼猪多发。病初从眼周、颊部和耳根开始，以后蔓延到背部、体侧和股内侧。剧痒，病猪到处摩擦或以肢蹄搔擦患部，甚至将患部擦破出血，以致患部脱毛、结痂，皮肤肥厚形成皱褶和龟裂。

2. 实验室诊断

在患部与健部交界处，用手术刀刮取痂皮，直到稍微出血为止，将刮到的病料装入试管内，加入10%苛性钠溶液，煮沸，待毛、痂皮等固体物溶解后，静置20min，吸取沉渣，滴在载玻片上加盖片，低倍显微镜观察，发现疥螨的幼虫、若虫和虫卵即可确诊。

（四）防控技术

1. 预防措施

搞好猪舍卫生工作，经常保持清洁，干燥，通风。引进猪时，应隔离观察，防止螨病病猪进入；发现病猪应立即隔离治疗，以防止蔓延。在治疗病猪同时，应用杀螨药物彻底消毒猪舍和用具，将治疗后的病猪安置到已消毒过的猪舍内饲养。为了使药物能充分接触虫体，最好用肥皂水或来苏尔水彻底洗刷患部，清除硬痂和污物后再涂药。由于大多数治螨药物对螨卵的杀灭作用差，因此需治疗2～3次，每次间隔6d，以杀死新孵出的幼虫。

2. 治疗措施

①敌百虫2%～5%水溶液或1%～2%敌百虫废机油合剂，患部涂擦。注意用敌百虫治疗时，不可用碱性水洗刷，以免引起

中毒。

②蝇毒磷0.025%～0.05%水乳剂喷淋、涂擦或药浴。

③杀虫脒0.1%～0.2%水乳剂喷淋、涂擦或药浴。

④双甲脒2.5%乳油剂（特敌克），用水200～500倍稀释，涂擦或喷淋患部。

⑤伊维菌素（害获灭）或阿维菌素（虫克星），每千克体重0.3mg，皮下注射，或用浇泼剂沿背部皮肤浇泼。

第四节　常见普通病诊治技术

一、猪黄曲霉毒素中毒

（一）概述

猪黄曲霉毒素中毒（Aflatoxicosis）是由于采食被黄曲霉毒素（Aflatoxin，AF）污染的饲料而引起的一种危害极大的中毒病。主要损坏肝脏、血管和中枢神经，病猪表现全身出血、消化障碍和神经症状等。

（二）诊断要点

1. 临床症状

（1）急性病例　多发生于2～4月龄、食欲旺盛、体质健壮的幼猪，中毒多发生于食入被污染的饲料后1～2周，常无明显临床症状而突然倒地死亡。

（2）亚急性病例　病猪体温正常，精神沉郁，废食，后躯无力，走路摇摆，粪便干燥，便血，有时站立一隅或头抵墙。黏膜苍白或黄染，皮肤出血和充血。以后间歇性抽搐，过度兴奋，角弓反张，消瘦，黄疸。

（3）慢性病例　精神委顿，走路僵硬。出现异嗜癖，常离群独处，头低垂，弓背，蜷腹，粪便干燥，兴奋不安，冲跳，狂躁。体温正常，黏膜黄染。有的病猪眼、鼻周围皮肤发红，以后变蓝。

2. 病理变化

(1) 急性病例　呈急性中毒性肝炎，胸腹腔出血，常积有液体。皮下和肌肉出血；胃肠黏膜可见出血斑点，肠内混血，肾脏有出血斑点。肝肿大，呈黄褐色、脆弱，表面有出血点。胆囊扩张。心外膜和心内膜明显出血。

(2) 慢性病例　肝硬变、黄色脂肪变性及胸腹腔积液，有时结肠浆膜呈胶样浸润，肾脏苍白、肿胀，淋巴结充血、水肿。

3. 诊断

根据临床症状和剖检可以作出初步诊断。确诊需要进行实验室诊断。目前，针对黄曲霉毒素的检测方法主要有薄层色谱法（TLC）、高效液相色谱（HPLC）法、荧光计和酶联免疫（ELISA）法。

（三）防控技术

1. 预防措施

不喂发霉饲料是预防的根本措施。防止饲料发霉是预防重要一环。

①谷物成熟后要及时收获，彻底晒干，通风贮藏，避免发霉。

②加强饲料的保管，注意保持干燥，特别是在温暖多雨地区或季节，更应防止饲料发霉。

③一旦发现中霉的临床表现，立即停止饲喂，改用新鲜饲料。

2. 治疗措施

发现本病后应立即停止饲喂发霉变质的饲料，用新鲜、含维生素丰富的饲料。本病无特效解毒疗法。采取排除毒物，解毒保肝，止血，强心等措施。应用维生素C、葡萄糖、抗生素、维生素B、硫酸钠等药物，禁用磺胺类药物。

二、猪亚硝酸盐中毒

（一）概述

猪亚硝酸盐中毒（Nitrite poisoning）是猪摄入富含硝酸盐、亚硝酸盐过多的饲料或饮水，引起高铁血红蛋白症，导致组织缺氧的一种急性、亚急性中毒性疾病。临诊体征为可视黏膜发绀、血液酱油色、呼吸困难及其他缺氧症状为特征。常于吃饱后15min到数小时发病，故俗称“饱潲病”或“饱食瘟”。

（二）诊断要点

（1）病因　油菜、白菜、甜菜、野菜、萝卜、马铃薯等青绿饲料或块根饲料富含硝酸盐。而在使用硝酸铵、硝酸钠、除草剂、植物生长剂的饲料和饲草，其硝酸盐的含量增高。硝酸盐还原菌广泛分布于自然界，在温度及湿度适宜时可大量繁殖。当饲料慢火焖煮、霉烂变质、枯萎等时，硝酸盐可被硝酸盐还原菌还原为亚硝酸盐。当猪采食含亚硝酸盐的饲料而吸收进入血液后，可正常的氧合血红蛋白氧化为高铁血红蛋白（即变性血红蛋白），从而丧失血红蛋白的正常携氧功能，造成组织缺氧，引起中毒。猪食入的饲料中含亚硝酸盐达每千克体重70～75mg时，即可中毒死亡。

（2）临床症状　急性中毒的猪常在采食后10～15min发病，慢性中毒时可在数小时内发病。一般体格健壮、食欲旺盛的猪因采食量大而发病严重。患猪突然不安、呕吐，流涎，走路摇晃、转圈；病猪呼吸困难，可视黏膜发绀，脉搏迅速，肌肉震颤，瞳孔散大，多尿。刺破耳静脉和断尾流出少量暗紫色血液，体温正常或偏低，全身末梢部位发凉。重者末期四肢痉挛或全身抽搐，嘶叫，昏迷，窒息死亡。

(3) 病理变化 中毒猪尸体腹部多膨满，口鼻青紫，可视黏膜发绀。血液凝固不良，肠胃道有不同程度充血、出血，肝、肾呈暗红色，肺与气管、支气管充血，气管内有多量粉红色泡沫状液体，心包膜有出血斑。

(4) 诊断 依据发病急、群体性发病的病史、饲料储存状况、临诊可见黏膜发绀及呼吸困难、剖检时血液呈酱油色等特征，可以做出诊断。可使用特效解毒药美蓝进行治疗性诊断，也可进行亚硝酸盐检验。

亚硝酸盐检验：取胃肠内容物或残余饲料的液汁 1 滴，滴在滤纸上，加 10% 联苯胺液 1 ~ 2 滴，再加 10% 的醋酸 1 ~ 2 滴，滤纸变为棕色，则为亚硝酸盐阳性反应。也可将胃肠内容物或残余饲料的液汁 1 滴，加 10% 高锰酸钾溶液 1 ~ 2 滴，充分摇动，如有亚硝酸盐，则高锰酸钾变为无色，否则不褪色。

(三) 防控技术

采取耳尖及尾尖放血法缓解中毒症状。静脉注射 5% 葡萄糖溶液 250ml，0.1g/10ml 的亚甲兰注射液每千克体重 1.5ml，维生素 C 3g，重症病例 2 ~ 3h 重复用药 1 次。心脏衰弱时可适量注射樟脑、安钠加等。

三、有机磷农药中毒

(一) 概述

猪有机磷农药中毒（Organophosphorus pesticides poisoning）是由于猪接触、吸入或误食某种有机磷农药所致，以体内胆碱酯酶活性受抑制，出现神经机能紊乱为特征。

（二）诊断要点

（1）病因　猪采食了喷洒过农药的青绿饲料，误食或接触农药如不正规地使用农药驱虫而导致中毒。人为投毒也是病因之一。有机磷农药种类较多，引起家畜中毒的含硫磷酸酯的甲拌磷(3911)、对硫磷（1605）、内吸磷（1059）等；强毒类有敌敌畏、甲基内吸磷、乐果等；低毒类有敌百虫、马拉硫磷等。

（2）临床症状　有机磷农药可经消化道、呼吸道、皮肤进入机体，采食后约半小时出现症状，主要表现为胆碱能神经兴奋，大量流涎，口吐白沫，骚动不安。也有的流鼻液及眼泪，眼结膜高度充血，瞳孔缩小，磨牙，肠蠕动音亢进，呕吐，腹泻，肌肉震颤，全身出汗。病情加重时，呼吸加快，眼斜视，四肢软弱，卧地不起。若抢救不及时，常会发生肺水肿而窒息死亡。

个别慢性经过的病猪，无瞳孔缩小及腹泻等剧烈症状，只是四肢软弱，两前肢腕部屈曲跪地，欲起不能，尚有食欲，病程5 ~7d。

（3）病理变化　以肝、肾、脑的变化较明显，肝脏充血、肿胀，小灶性肝坏死，胆汁淤积，肾脏有淤血，脑出现水肿、充血。肺水肿，气管及支气管内有大量泡沫样液体，肺胸膜有散在出血点。心肌、肌肉、胃肠黏膜出血，胃内容物有大蒜味（经口中毒者）。

（4）诊断　主要依据有接触有机磷农药的病史，以胆碱能神经兴奋为基础的一系列临诊表现（流涎、出汗、肌肉痉挛、瞳孔缩小、呼吸困难等）以及剖检变化可作出初步诊断。

（三）防控技术

1. 预防措施

不用有机磷农药污染的饲料和饮水喂猪，使用有机磷类药物驱虫时，应严格控制药物剂量，以防中毒。

2. 治疗措施

使用特效解毒药，尽快除去未吸收的毒物，配合对症治疗。

①解磷定，每千克体重 0.02 ~ 0.05g，溶于 5% 葡萄糖生理盐水 100ml 中，静脉注射或腹腔注射，注意使用时忌与碱性溶液配用。

②双复磷，每千克体重 0.04 ~ 0.06g，用盐水溶解后，皮下、肌内注射或静脉注射。

③1% 硫酸阿托品注射液 5 ~ 10ml，皮下注射。

以上 3 种药物应根据猪体的大小与中毒程度酌情增减，注射后要观察瞳孔变化，在第一次注射后 20min，如无明显好转应重复注射，直至瞳孔散大，其他症状消失为止。

在解毒的同时或稍后，应采取除去未吸收毒物的措施。经口进入体内中毒的，可用硫酸铜 1g 口服，催吐。或用 2% ~ 3% 碳酸氢钠或食盐水洗胃，并灌服活性炭。若因皮肤涂药引起的中毒，则应用清水或碱水冲洗皮肤，但须注意，敌百虫不能用碱水洗胃和洗皮肤，否则，会转变成毒性更强的敌敌畏。

四、猪应激综合征

（一）概述

猪应激综合征（Porcine stress syndrome）是机体受各种刺激，如惊吓、天气突变、车船运输、饲料突变等，而产生一系列非特异性的应答反应。是一种急性应激不良综合征。包括恶性高热症、背肌坏死症、运输热、急性心死病、猪应激性肌病（PSE 猪肉、DFD 猪肉）、胃溃疡等。

（二）诊断要点

（1）病因　遗传因素是猪应激综合征发生的内在原因，有一部分猪对应激具有易感性，而且呈隐性基因遗传。瘦肉型、长得快的品种多发，本地品种猪抗应激能力较强。应激敏感猪的外观特征是前肢较短，后腿肌肉发达，腿粗呈圆形，皮肤坚实脂肪薄，易兴奋，好斗，后躯和尾根易发生特征性颤抖，追赶时呼吸急促心跳亢进，皮肤有充血斑紫斑眼球突出震颤。

不良应激因素常为猪应激综合征的触发因素，如注射疫苗、鞭打追逐、抓捕捆绑、长途赶运、兴奋斗架、恐惧紧张、狂风暴雨、雷电袭击、公猪配种、母猪分娩、车船运输、使用某些全身麻醉剂等。

（2）临床症状　初期病猪出现不安，肌肉和尾巴震颤，皮肤有时出现红斑，体温升高，黏膜发绀，食欲减退或不良，后肌肉僵硬，猪站立困难，眼球突出，全身无力，呈休克状态。

①猪急性心死病：3～5月龄猪最为常见。突然死亡，有的病例可见到病猪疲惫无力，运动僵硬，皮肤发红，有的配种时期死亡。有的数分钟死亡。

②猪应激性肌病：轻者生前无症状，严重病例体温升高，呼吸100次/min，背部单侧或双侧肿胀，肿胀部位无疼痛反应。肌肉僵硬，震颤，卧地，呈犬坐或跛行。皮肤时红时白。哺乳母猪泌乳减少或无乳，公猪性欲下降。

（3）病理变化　肌肉温度很高，很快发生尸僵。受到侵害的肌肉，如背肌、腰肌、腿肌及肩胛部肌肉，死后半小时内呈现苍白、柔软、水分渗出增多（PSE猪肉）。反复发作而死亡的病猪，可在腿部和背腰部出现深色而干硬的猪肉（DFD猪肉）。

（三）防控技术

1. 预防措施

①注意选种育种凡有应激敏感病史或易惊恐、皮肤易发红斑、体温易升高的应激敏感猪，一律不作种用。选择具有抗应激的猪作为种猪，逐步建立抗应激种猪群；避免各种应激原的刺激

避免猪舍高温、潮湿和拥挤。

②饲料要妥善加工调制，饮水要充足，日粮营养要全价，特别要保证足够的微量元素硒和维生素 A、维生素 D、维生素 E。在收购、运输、调拨、贮存猪的过程中，要尽量减少各种不良刺激，避免惊恐。肥猪运到屠宰场，应让其充分休息。屠宰过程要快，酮体冷却也要快，以防止产生劣质的白猪肉。

2. 治疗措施

出现早期症候，如肌肉和尾巴震颤、呼吸困难而无节律、皮肤时红时白等，应立即隔离单养，充分安静休息，改善环境，症状不严重者多可自愈。

对肌肉已僵硬的重症病猪，则必须应用镇静剂、皮质激素、抗应激药以及解除酸中毒的药物。

由于应激原可引起变态反应性炎症或过敏性休克，可选用皮质激素作肌内注射或静脉注射。其他抗过敏药物，如水杨酸钠、巴比妥钠、盐酸吗啡、盐酸苯海拉明以及维生素 C、抗生素等也可选用。

第五章 排泄物及废弃物无害化处理技术

第一节　粪便无害化处理

养猪生产过程产生大量粪便，一旦污染了地下水，直接影响禽畜饮用水，进而影响到猪肉品质，所以为保证优质猪肉的生产，养猪场必须做好粪便处理工作，因地制宜，选择适当的清粪方式并进行无害化处理。

一、清粪方式

（一）水冲粪清粪

水冲粪清粪方式能及时、有效地清除猪舍内的粪便、尿液，保持猪舍环境卫生，减少粪污清理过程中的劳动力投入。水冲粪的方法是粪尿污水混合进入缝隙地板下的粪沟，每天数次从沟端的水喷头放水冲洗，粪水顺粪沟流入粪便主干沟，进入地下贮粪池或用泵抽吸到地面贮粪池。

这种方式的优点是能及时、有效地清除舍内的粪尿，保持猪舍内的环境清洁，有利于动物健康，劳动强度小，劳动效率高，可以节省人工劳力，在劳动力缺乏的地区较为适用。缺点是耗水量大，水资源浪费严重。固液分离后，大部分可溶性有机质及微量元素等留在污水中，污水中的污染物浓度仍然很高，而分离出的固体物养分含量低，肥料价值低。并且这种工艺技术投资费用较大。

（二）水泡粪清粪

水泡粪清粪方式是在水冲粪清粪的基础上改造而来的。工艺流程是在猪舍内的排粪沟中注入一定量的水，粪尿、冲洗和饲养管理用水一并排放缝隙地板下的粪沟中，储存一定时间后（一般为 1 ~ 2 个月），待粪沟装满后，打开出口的闸门，将沟中粪水排出。粪水顺粪沟流入粪便主干沟，进入地下贮粪池或用泵抽吸到地面贮粪池。这种方式可以定时、有效地清除猪舍内的粪便、尿液，减少粪污清理过程中的劳动力投入，减少冲洗用水。缺点是由于粪便长时间在猪舍中停留，形成厌氧发酵，产生大量的有害气体，如硫化氢（H_2S），甲烷（CH_4）等，使粪水混合物的污染物浓度更高，后处理也更加困难。

（三）干清粪

干清粪也叫粪尿舍内分离法，粪便一经产生便分流，干粪由机械或人工收集、清扫、运走，尿及冲洗水则从下水道流出，分别进行处理。

干清粪可分为人工清粪和机械清粪 2 种。人工清粪只需用一些清扫工具、人工清粪车等。设备简单，不用电力，一次性投资少，还可以做到粪尿分离，便于后面的粪尿处理。其缺点是劳动量大，生产率低。机械清粪包括铲式清粪和刮板清粪。机械清粪的优点是可以减轻劳动强度，节约劳动力，提高工效。缺点是一次性投资较大，还要花费一定的运行维护费用。而且中国目前生产的清粪机在使用可靠性方面还存在欠缺，故障发生率较高，如工作部件上粘满粪便，维修困难。此外，清粪机工作时噪声较大，不利于畜禽生长，因此中国的养猪场很少使用机械清粪。与水冲式和水泡式清粪工艺相比，首先干清粪工艺固态粪污含水量低，粪中营养成分损失小，肥料价值高，便于高温堆肥或其他方式的处理利用。其次，产生的污水量少，且其中的污染物含量低，易于净化处理，在中国劳动力资源比较丰富的条件下，是较为理想的清粪工艺。

二、猪场粪便处理技术

生猪粪便中含有大量的病原体，猪场必须对粪便进行无害化处理。无害化处理就是通过一定的技术处理，将粪便由废弃物变成资源（农业的肥料、饲料和燃料等）。各猪场由于自然条件、经济条件等不同，粪污处理的方式也不尽相同。

（一）用作肥料

众所周知，猪粪虽是猪场污染物质，但猪粪中含有大量的氮、磷、钾等营养物质，所以也是有机肥加工的主要原料和优质资源。同时，猪粪中还含有很多挥发性物质、病原微生物、寄生虫卵及重金属等，若不做处理直接用于农田，会对环境和人畜健康带来不良影响，因此需要借助肥料发酵剂做进一步堆肥处理。一般用好氧发酵法进行堆肥处理，在微生物分解有机物的过程中产生大量的热量，使粪便达到35～70℃的高温，从而杀死粪便中的病原微生物、寄生虫、虫卵和草籽。腐熟后的粪便无臭味，复杂有机物被分解成易被植物吸收的简单化合物，是高效有机肥料。在养猪场中常用的堆肥处理技术有自然堆肥、堆肥发酵塔堆肥等。

（1）自然堆肥　将物料堆成宽高分别为2.0～4.0m和1.5～2.0m的垛条，让物料自然发酵、分解、腐熟。在干燥地区垛条断面呈梯形，在多雨地区和雨季，垛条顶部为半圆形或在垛条上方建棚以防雨水进入。在垛条底部铺设通风管道给粪堆充气，以加快发酵速度。在前20d内应经常充气，堆内温度可升至60℃，此后自然堆放2～4个月可完成腐熟。其优点是设备简单，运行费用低；缺点是时间长。适合于小型养猪场。

（2）发酵塔　堆肥物料由带式输送机送至发酵塔顶部，再经旋转布料机均匀地将物料送入发酵塔中，通过通风装置向塔内的物料层中充气，这样物料加速发酵，经过3d左右物料可完全腐熟。腐熟的物料由螺旋搅龙输送机再输送到输料皮带机上，然后再排出发酵塔。堆肥发酵塔的工作过程可以是间歇的，也可以是连续的。发酵塔堆肥的特点是发酵时间短，生产效率高，适合于大中型养猪企业使用。

猪粪便经发酵后就地还田，是减轻环境污染、充分利用农业资源最经济有效的措施。除了采用发酵法，还可以利用快速烘干法、微波法、膨化法等。

（二）用作饲料

猪粪中含粗蛋白质3%～5%、粗纤维14.8%、钙2.72%、磷2.13%，可被用来作为非常规饲料生产。生猪粪便虽然含丰富的营养成分，但又是有害物（如病原微生物、有毒金属、药物和激素等）的潜在来源，1967年美国曾经限制使用畜禽粪便饲料。但是经过大量的实验和研究表明，如经适当处理、禁用治疗期的粪便、在动物屠宰前减少或停用粪便饲料，畜禽粪便作为饲料不但是安全的，而且其效益也是可观的。反刍动物具有独特的消化能力，能有效利用动物粪便再生饲料，加工后的猪粪还可用于养鱼及其他养殖业的生产。

粪便饲料化的方法很多，主要有自然厌氧发酵法、自然干燥法、高温快速干燥、烘干法、青贮等。

(1) 自然厌氧发酵法　将鲜猪粪装入容器后，拌入60℃热水密封，利用猪粪中微生物作用自然发酵。要求周围环境温度不能低于15℃，当发酵温度不超过45℃时，反转容器，待温度恒定并与外界温度相同时（约需2d）发酵完成。自然发酵法能明显提高猪粪的营养价值，其中的粗蛋白质、总氨基酸和必需氨基酸的含量都有所增加。

(2) 自然干燥法　将新鲜猪粪堆放于水泥地面或塑料膜上，在温和阳光下晾晒2d，使其自然干燥（水分降到10%以下）。此法受到天气制约，上面应添置塑料大棚，以防雨水淋湿。

(3) 塑料大棚干燥法　这种方式是日本金子农机株式会社首创的简易粪便干燥法。塑料大棚一般长45m，宽4.5m，把粪便运到塑料大棚内，平铺地面上，棚内设有两条铁轨，上面装有可活动的干燥搅拌机，待粪便干燥停止工作。此法不怕雨淋，不需燃料，成本低，适宜我国采用。

(4) 高温快速干燥　目前很多国家采用快速干燥机进行人工干燥，其优点可充分保留粪便中的养分（只损失4%～6%），同时可达到去臭、灭菌、除杂草等目的。高温快速干燥法又包括烘烤干燥法，微波处理干燥，热喷处理等。

(5) 青贮　生猪粪便青贮经济实用，可应用青贮塔、塑料袋、青贮窖或粗排水管青贮。猪粪便可加糖蜜青贮或与饲草、水果、蔬菜废料、块根作物和作物秸秆等青贮。如果青贮料中可溶性碳水化合物不够充足，必须添加糖蜜1%～3%或其他来源的可发酵碳水化合物。添加钠或氢氧化铵形式的碱可提高成熟饲草与生猪粪便青贮料的消化率。

青贮发酵过程约10d完成，但最好用约21d的的青贮料进行饲喂。发酵约10d后，青贮料的pH值达到4.5～5.2。含2%～8%乳酸（干物质）和1.1%～1.7%醋酸（干物质）。青贮料只能厌氧条件下贮存才会保持稳定。青贮粪便最主要的优点是提高饲料的适口性，增加动物采食量。

（6）发酵机发酵　我国各地研制了“充氧动态发酵机”和“全自动增氧发酵机”可加工猪粪便512 500kg/8h。主要优点是猪粪发酵后已完成消毒除臭的目的，并且具有香味，达到了卫生标准，还节省了能源，耗电量16～30度/t，生产成本0.1～0.2元/kg。

（三）生产沼气

在我国，沼气经过100多年的发展历程，形成了各种各样的沼气池。按贮气方式，有水压式、浮罩式和气袋式三大类；按几何形状，有圆筒形、球形、椭球形等多种形状；按发酵机制，有常规型、污泥滞留型和附着膜型三大类；按埋设位置，有地下式、半埋式和地上式三大类；按建池材料，有砖结构池、混凝土结构池、钢筋混凝土结构池、玻璃钢池、塑料池和钢丝网水泥池等；按发酵温度，有常温发酵池、中温发酵池和高温发酵池。沼气池的建设一定要请当地沼气部门帮忙，不要自己随意建池，以免发生危险和漏气。产出的沼气要用掉，否则排入空气会造成二次污染。

猪粪尿通过厌氧发酵产生沼气这项技术在我国已比较成熟。沼气发酵原料是产生沼气的物质基础，猪粪很适合做沼气发酵原料，含有较多的低分子化合物，适宜的发酵碳氮比，入池后启动快，产气好，再辅以沼气发酵剂，可成倍提高沼气产气速度及产气率。由于猪粪尿厌氧发酵主要依靠厌氧菌的繁殖和活动，因此受到温度、菌种、水分、酸碱度等环境条件的制约。正确掌握发酵条件是产生沼气的基础，在生产中需注意以下做几点。

(1) 沼气池必须是密闭　沼气微生物的核心菌群——产甲烷菌是一种厌氧性细菌，对氧特别敏感，在生长、发育、繁殖、代谢等生命活动中都不需要空气，空气中的氧气会使其生命活动受抑制，甚至死亡。产甲烷菌只能在严格厌氧的环境中才能生长。所以，沼气池要严格密闭，不漏水，不漏气。

(2) 适当的发酵温度　温度适宜则细菌繁殖旺盛，活力强，厌氧分解和生成甲烷的速度就快，产气就多。一般8℃以上，沼气菌即可活动，产生微量沼气。20～24℃，活动正常，28～30℃，最旺盛，产生沼气率最高。

(3) 适宜的酸碱度　沼气微生物的生长、繁殖，要求适宜的酸碱度，范围为pH值6.5～7.5。最适宜是pH值6.8～7。pH值低于6或高于9时均不产气。在正常的发酵过程中，沼气池内的酸碱度变化可以自行调节，一般不需要人为平衡。只有在配料和管理不当，使正常发酵过程受到破坏的情况下，才可能出现有机酸大量积累，以致发酵料液过于偏酸的现象。此时，可取出部分料液，加入等量接种物，将积累的有机酸转化成甲烷，或加入适量草木灰等，中和有机酸，使酸碱度恢复到正常。

(4) 持续搅拌　原料与接种物等一起投到沼气池后，会产生分层。微生物聚集在底层，与原料接触不充分，不利于沼气的释放。因此需要通过持续搅拌来解决这一问题，搅拌还可以打碎结壳，提高原料的利用率及能量转换效率，并有利于沼气的释放。沼气池的搅拌可以通过机械搅拌、气体搅拌和液体搅拌3种方式。

(四) 利用发酵床处理猪粪技术

发酵床养猪技术，是选用木片、锯末、树叶等原料形成垫料，添加一定比例的酵素、新鲜猪粪、土、盐、水等与垫料拌匀后形成混合物发酵，将有害菌杀死。猪只的粪尿排泄在垫料床面上，经过猪只的习惯性拱翻或人工均匀扬开后，再经过酵素的降解，转化成菌体蛋白供猪只食用，因此不用清粪，更不用水清圈，使圈舍无臭味、无氨气，达到环境污染零排放。

第二节　病死猪尸体无害化处理

病死猪，特别是患传染病和寄生虫病致死的猪，常是疫病传播和扩散的重要传染源，处理不当，可造成猪疫病流行，对养猪业带来重大的经济损失，如流向市场、餐桌，容易引起人畜共患病的发生和流行或食物中毒，严重威胁人类健康。故应对病死猪进行安全有效的处理。病死猪尸体无害化处理应符合《病害动物和动物产品生物安全处理规程》（GB 16548—2006）的相关要求。常见处理方法如下。

一、尸体销毁法

对确认患猪瘟、口蹄疫、传染性水疱病、猪密螺旋体痢疾、急性猪丹毒等烈性传染病的病死猪，常采用此法。搬运尸体时，用消毒药液浸湿的棉花或破布把尸体的肛门、鼻孔、嘴、耳朵堵塞，防止血水流在地上。用封闭车运到处理场地。

（一）化制法

化制处理是一种较好的尸体处理方法，既对尸体做到无害化处理，又保留了有价值的畜产品，如工业用油脂及骨肉粉。此法需在有一定设备的化制站进行。化制处理法可分土灶炼制、湿化法和干化法 3 种。

（1）土灶炼制　是最简单的炼制方法。炼制时锅内先放 1/3 的清水煮沸，加入用作化制的脂肪和肥膘，边搅拌边将浮油撇出，剩下渣滓，然后用压榨机压出油渣内的油脂。但此法不适合患有烈性传染病的肉尸。

（2）湿化法　利用湿化机或高压锅进行处理患病动物和废弃物。利用高压饱和蒸汽直接作用于动物尸体，用湿热使脂肪熔化，蛋白质凝固，同时也借助蒸汽产生的高温与高压，将病原微生物完全杀灭。用这种方法可以处理烈性传染病的肉尸，动物尸体可以不经解体直接送入湿化机内处理，处理彻底，产品水分含量高，易氧化变质，不宜利用。

（3）干化法　利用干化机（卧式带搅拌器的夹层真空锅）。利用蒸汽提供的热能，使废弃品在干热和压力的作用下，杀灭病原微生物，达到无害化处理的目的。炼制时，将肉尸分割成小块，放入锅内，蒸汽通过夹层，使锅内压力增高，升至一定温度，以破坏制物结构，使脂肪液化从肉中析出，同时杀灭细菌。干化法炼制过程较快，所得油脂因含水和蛋白质较低，品质较高、耐存性好。油渣可以作为动物饲料或肥料。缺点是不能化制大块原料或全尸。

优点：处理后成品可再次利用，实现资源循环。

缺点：设备投资成本高；占用场地大，需单独设立车间或建场；化制产生废液污水，需进行二次处理。

（二）焚毁

将整个尸体或内脏、病变部分投入焚化炉中烧毁炭化，这是焚毁尸体最彻底的方法。如无焚化炉可挖掘焚尸坑，尸体上倒上柴油，用火焚烧，直到把尸体烧成黑炭为止，然后填土掩埋。

1. 选择地点

焚尸地点应远离居民区、建筑物、易燃物品，上面不能有电线、电话线，地下不能有自来水管道、燃气管道，周围有足够的防火带，位于主导风向的下方，避开公共视野。

2. 准备火床

(1) 十字坑法　按十字形挖两条坑，其长 2.6m、宽 0.6m、深 0.5m，在两坑交叉处的坑底堆放干草或木柴，坑沿横放数条粗湿木棍，将尸体放在架上，在尸体的周围及上面再放些木柴，然后在木柴上倒些柴油，并压以砖瓦或铁皮。

(2) 单坑法　挖一条长 2.5m、宽 1.5m、深 0.7m 的坑，将取出的土堆堵在坑沿的两侧。坑内用木柴架满，坑沿横架数条粗湿木棍，将尸体放在架上，以后处理同上法

(3) 双层坑法　先挖一条长 2m、宽 2m、深 0.75m 的大沟，在沟的底部再挖一长 2m、宽 1m、深 0.75m 的小淘，在小沟沟底铺以干草和木柴，两端各留出 18 ~ 20cm 的空隙，以便吸入空气，在小沟沟沿横架数条粗湿木棍，将尸体放在架上，以后处理同上法。

3. 焚烧

(1) 摆放动物尸体　把尸体横放在火床上，较大的动物放在底部，较小的动物放在上部，最好把尸体的背部向下、而且头尾交叉，尸体放置在火床上后，可切断动物四肢的伸肌腱，以防止在燃烧过程中，肢体的伸展。

(2) 设立点火点　当动物尸体堆放完毕、且气候条件适宜时，用柴油浇透木柴和尸体（不能使用汽油），然后在距火床 10m 处设置点火点。

(3) 焚烧　用煤油浸泡的布条作引火物点火，保持火焰的持续燃烧，在必要时要及时添加燃料。

4. 焚烧后处理

焚烧结束后，掩埋燃烧后的灰烬，表面撒布消毒剂；填土高于地面，场地及周围要消毒，设立警示牌，查看。

优点：高温焚烧可消灭所有有害病原微生物。

缺点：需消耗大量能源。据了解，采用焚烧炉处理200kg的病死动物，至少需要燃烧8L/h的柴油；占用场地大，选择地点较局限；焚烧产生大气污染，包括灰尘、一氧化碳、氮氧化物、酸性气体等，需要进行二次处理，增加处理成本。

二、深埋法

掩埋法是处理畜禽病害肉尸的一种最常用、可靠、简便易行的方法。

（一）选择地点

应远离居民区、水源、泄洪区、草原及交通要道，避开岩石地区，位于主导风向的下方，不影响农业生产，避开公共视野。

（二）挖坑

1. 挖掘及填埋设备

挖掘机、装卸机、推土机、平路机和反铲挖土机等，挖掘大型掩埋坑的适宜设备应是挖掘机。

2. 修建掩埋坑

（1）大小　掩埋坑的大小取决于机械、场地和所需掩埋物品的多少。

（2）深度　掩埋坑的深度应尽可能的深（2～7m）、坑壁应垂直。

（3）宽度　掩埋坑的宽度应能让机械平稳地水平填埋处理物品，例如：如果使用推土机填埋，坑的宽度不能超过一个举臂的宽度（大约3m），否则很难从一个方向把肉尸水平地填入坑中，确定坑的适宜宽度是为了避免填埋后还不得不在坑中移动肉尸。

（4）长度　掩埋坑的长度则应由填埋物品的多少来决定。

（5）容积　估算坑的容积可参照以下参数：坑的底部必须

高出地下水位至少 1m，每头大型成年动物（或 5 头成年羊）约需 1.5m^3的填埋空间，坑内填埋的肉尸和物品不能太多，掩埋物的顶部距坑面不得少于 1.5m。

（三）掩埋

（1）坑底处理　在坑底洒漂白粉或生石灰，消毒药的用量可根据掩埋尸体的量来确定（0.5 ~ 2.0kg/m^2），掩埋尸体量大的应多加，反之可少加。

（2）尸体处理　动物尸体先用 10% 漂白粉上清液喷雾（200ml/m^2），作用 2h。

（3）入坑　将处理过的动物尸体投入坑内，使之侧卧，并将污染的土层和运尸体时的有关污染物如垫草、绳索、饲料和其他物品等一并入坑。

（4）掩埋　先用 40cm 厚的土层覆盖尸体，然后再放入未分层的熟石灰或干漂白粉 20 ~ 40g/m^2（2 ~ 5cm 厚，潮湿条件），然后覆土掩埋，平整地面，覆盖土层厚度不应少于 1.5m。

（5）设置标识　掩埋场应标志清楚，并得到合理保护。

（6）场地检查　应对掩埋场地进行必要的检查，以便在发现渗漏或其他问题时及时采取相应措施，掩埋坑封闭后 3 个月应对无害化处理场地再次复查。

三、高温处理

对确认患猪肺疫、猪溶血性链球菌病、猪副伤寒、弓形虫病等的病死猪采用高温处理法。

（一）高温蒸煮法

把尸体切成重量不超过 2kg，厚度不超过 8cm 的肉块，放在密闭的 112kpa 压的高压锅内蒸煮 1.5 ~ 2h 即可。

（二）一般蒸煮法

将尸体切成重2kg，厚度8cm大小的肉块，放在普通锅内煮沸2～2.5h（该时间从水沸腾时开始算起）。

四、化尸池处理

将病死猪尸体投放在一个密闭的化尸池内进行处理，从而达到无害化处理目的。

动物化尸池包括池底、池身和池顶，池底、池身和池顶构成一密闭空腔体，池顶上具有投料口，投料口上具有投料口密封盖，投料口密封盖将投料口密封。

将病死猪尸体从化尸池的池顶投料口投入，投料后关上盖子，病死猪尸体在全封闭的腔内自然腐化、降解。

优点：化尸池建造施工方便，建造成本低廉。

缺点：占用场地大，化尸池填满病死猪尸体后需要重新建造；选择地点较局限，需耗费较大的人力进行搬运；灭菌效果不理想；造成地表环境、地下水资源的污染问题。

五、高温生物降解

高温生物降解法即发酵法，将病死猪尸体投入专门的动物尸体发酵池内，根据微生物可降解有机质的能力，结合特定微生物耐高温的特点，利用生物降解的方法将病死猪尸体及废弃物发酵分解，以达到无害化处理的目的。对一般性病死猪尸体的处理采用此法是目前最佳方法。

（一）选择地点

选择远离住宅、动物饲养场、草原、水源及交通要道的地方。

（二）建发酵池

发酵池为圆井形，深9～10m，直径3m，池壁及池底用不透水材料制作成（可用砖砌成后涂层水泥）。池口高出地面约30cm，池口做一个盖，盖平时落锁，池内有通气管。如有条件，可在池上修一小屋。尸体堆积于池内，当堆至距池口1.5m处时，再用另一个池。此池封闭发酵，夏季不少于2个月，冬季不少于3个月，待尸体完全腐败分解后，可以挖出作肥料，两池轮换使用。

第三节　其他废弃物无害化处理

猪场产生的废弃物除粪便、尿液等排泄物外，还有污水、垫草、残留饲料以及过期药物等医疗废弃物。其可能携带各种病原微生物及其他有害成分，如果处理不当，将会严重地污染环境，成为畜禽疫病和人畜共患病的传染源，危及人类和动物的健康。因此需对猪场产生的其他废弃物进行无害化处理。

一、污（废）水的处理

猪场污水也要进行无害化处理，符合《畜禽养殖业污染物排放标准》（GB 18596—2001）。

污水处理采取生物处理方法。生物处理就是利用微生物的代谢活动，分解环境中的有机物，将其转化为稳定、无害的无机物。生物处理按照其形式可分为自然生物处理法、厌氧生物处理法、好氧生物处理法、厌氧—好氧联合处理法。

（一）自然生物处理法

在自然生物处理法中，人工湿地处理废水是处理效果较好的一种方法。人工湿地处理系统的原理是：利用人工湿地的碎石床及栽种的耐有机污水植物作为生态净化系统，以运行成本低、处理效果好、管理方便的方法，高效处理畜禽污水。

人工湿地由碎石（或卵石）构成碎石床，在碎石床上栽种耐有机污水的高等植物（如芦苇、蒲草等），植物本身能够吸收人工湿地碎石床上的营养物质，在一定程度上使污水得以净化，并给生物滤床增氧，根际微生物还能降解矿化有机物。当污水渗流碎石床后，在一定时间内，碎石床会生长出生物膜，在近根区有氧情况下生物膜上的大量微生物以污水中的有机物为营养，把有机物氧化分解成二氧化碳和水，把另一部分有机物合成新的微生物，含氮有机物通过氨化、硝化作用转变为含氮无机物，在缺氧区通过反硝化作用而脱氨。因此，人工湿地的碎石床起到生物滤床的高效化作用，是一种理想的全方位生态净化系统。另外，人工湿地碎石床也是一种效率很高的过滤悬浮物的结构，使富含SS的畜禽污水经过人工湿地后水质明显变清，这种物理作用在人工湿地运行初期更加明显。

除人工湿地处理法之外，氧化塘处理、污水灌溉农田、土地处理等方法均属于自然生物处理法。

（二）厌氧生物处理法

厌氧生物处理技术在养殖场污水处理中是较为常用的，也称厌氧消化技术或沼气发酵技术。是利用厌氧微生物在厌氧条件下将有机质通过复杂的分解代谢，从而产生沼气和污泥的过程。对于养殖场高浓度的有机废水，采用厌氧消化工艺，将可溶性有机物去除85%～95%，可以杀死传染病菌，有利于防疫。

厌氧消化处理方法因厌氧菌群适宜的温度不同，可分为高温、中温和常温发酵。高温发酵温度为50～60℃，中温发酵为30～35℃，常温发酵温度随季节变动。温度不同，有机质的消化率和沼气的产气率也不同，为正相关关系。厌氧消化要求温度相对稳定，因此，常温厌氧消化装置常常建于地下。但是，厌氧消化对于污水中有机质的去除率不可能达到100%，当有机质含量在1 000mg/L以下时厌氧消化效率不高。因此，对厌氧消化后的污水，应再进行好氧处理。

目前用于处理养殖场污水处理的厌氧工艺很多，大型养殖场主要采用的是升流式厌氧污泥床、升流式固体反应器和上流式污泥床－过滤器作为养殖场污水处理的核心工艺。

1. 升流式厌氧污泥床（Upflow Anaerobic Sludge Bed，UASB）

由荷兰学者发明，是世界上发展最快的消化器。20 世纪 80 年代中国开始引进应用，并在有关技术上进行了改进。有机污水的 COD 去除率可达 80% ~90%。如杭州市灯塔养殖场存栏 12 万头猪，日排污水 3 000m^3，UASB 总容量 6×1 000m^3，投资约为 600 万元，进水 COD 为 11 000mg/L，滞留期为 2d，出水 COD 为 2 200mg/L，COD 去除率为 80%。由于该消化器结构简单，运行费用低，处理效率高而引起人们的普遍兴趣。该消化器适用于处理可溶性废水，要求较低的悬浮固体含量。

2. 升流式固体反应器（Upflow Solids Reactor，USR）

其是厌氧消化器的一种，具有效率高、工艺简单等优点。目前已常被用于猪粪水的处置，其装置产气率可达 4m^3/（m^3 · d），COD 去除率达 80% 以上。

升流式固体反应器是一种结构简单、适用于高悬浮固体原料的反应器。原料从底部进入消化器内，与消化器里的活性污泥接触，使原料得到快速消化。未消化的生物质固体颗粒和沼气发酵微生物靠自然沉降滞留于消化器内，上清液从消化器上部溢出，这样可以得到比水力滞留期高得多的固体滞留期（SRT）和微生物滞留期（MRT），从而提高了固体有机物的分解率和消化器的效率。

3. 上流式污泥床－过滤器（Upflow Blanket Filter，UBF）

污泥床滤器是 UASB 的改进，具有投资少、水力停留时间短、产气率高、COD_{cr}去除率高等优点。

UBF 主要由布水器、污泥层和填料层构成。反应器的下面是高浓度颗粒污泥组成的污泥床，其混合液悬浮固体（MLSS）质量浓度可达每升数十克，上部是由填料及其附着的生物膜组成的填料层。当废水从反应器的底部由布水器进入，顺序经过颗粒污泥层、絮体污泥层进行厌氧处理反应后，从污泥层出来的水进入填料层，进行气—液—固分离，从其顶部排出，气体输送出来后进行贮存或者直接使用。由于附着于纤维填料上的生物膜补充了污泥床上部微生物的不足，所以效益较高。但每立方米填料价值 300～500 元，使工程造价上升。它对低浓度低悬浮固体污水的厌氧消化效果较好。用于高浓度高悬浮固体废水处理易产生堵塞。

中型养殖场大多采用折流式地下或半地下的厌氧消化池。如福建省莆田市鸿兴养猪场，存栏育肥猪 1 800头，日污水量为 90t，厌氧池净容积为 $800m^3$，厌氧发酵滞留期为 9d，其 COD 去除率 80%～85%，约投资 15 万元。

（三）好氧生物处理法

生物处理主要靠微生物作用，特别是细菌的作用。主要依靠好氧菌和兼性厌氧菌的生化作用等完成处理过程的工艺，称为好氧生物处理法。好氧生物处理法分为活性污泥法和生物膜法两类。活性污泥法本身就是一种处理单元，它有多种运行方式。生物膜法有生物滤池、生物转盘、生物接触氧化及生物流化床等。对于猪场废水处理，好氧生物处理可作为厌氧处理废水的后续处理，其能迅速降低 COD，去除氮、磷。国内外往往采用序批式活性污泥法（Sequencing batch reactor activated sludge process, SBR）工艺作为厌氧阶段的后续处理，用于处理猪场废水厌氧消化液。

SBR 是序批式活性污泥法的简称，即在同一反应池（器）中，按时间顺序由进水、曝气、沉淀、排水和待机 5 个基本工序组成的活性污泥污水处理方法，是一种按间歇曝气方式来运行的活性污泥污水处理技术。它的主要特征是在运行上的有序和间歇操作，SBR 技术的核心是 SBR 反应池，该池集均化、初沉、生物降解、二沉等功能于一池，无污泥回流系统。尤其适用于间歇排放和流量变化较大的场合。使用 SBR 的处理方法对养猪场废水进行了试验研究，结果表明 COD 总去除率在 85% ~95% 。虽然好氧处理技术处理有机物、氨、氮效果较好，但是存在污水停留时间较长，需要大的反应器且耗能大，投资高等缺点。随着脱氮理论的发展，一些新的脱氮工艺，如亚硝酸盐硝化/反硝化、同时硝化/反硝化、好氧反硝化和厌氧氨氧化等生物脱氮工艺都将会引入到处理猪场废水中去，使其朝着高效、低耗的方向发展。

（四）厌氧—好氧联合处理法

液体粪污厌氧—好氧联合处理法，即采用厌氧消化技术，对养殖场高浓度的有机污水，通过厌氧消化工艺，高效去除大量的可溶性有机物，并杀死传染病菌；在厌氧处理的基础上，好氧生物处理方法采取人工强化措施来净化污水，使养殖场的污水处理能够达标排放。

首先采用厌氧处理法处理高浓度有机污水，在这个过程中，处理工艺自身耗能少，运行费用低，还产生清洁能源。但高浓度有机污水经厌氧处理后，往往水中的 COD、BOD_5 仍然很高，难以达到排放标准。此外，在厌氧处理过程中，有机氮转化为氨氮，硫化物转化为硫化氢，使处理后的污水仍有臭味，也要求做进一步的好氧生物处理。

厌氧—好氧联合处理，既克服了好氧处理能耗大与占地面积大的不足，又克服了厌氧处理达不到要求的缺陷，具有投资少、运行费用低、净化效果好、能源环境综合效益高等优点。根据废水资源化的利用途径，厌氧—好氧工艺可有多种组合形式，如经厌氧处理后的污水可作为农田液肥、农田灌溉用水和水产养殖肥水。在没有上述利用条件及水资源紧缺的情况下，经好氧处理深度处理和严格消毒后，可作为畜禽场清洗用水。

二、其他废弃物处理措施

猪场其他的废弃物残留饲料、废垫料等可与粪便一同处理，特殊废弃物如过期失效药品、疫苗瓶、药瓶、组织留样、医疗废弃物等一律不得随意丢弃，应单独收集，有效隔离，根据各自的性质不同采取煮沸、焚烧、深埋等无害化处理，并作好记录，特殊废弃物运输应进行有效包装，确保不造成污染。

第一节　引进猪只安全控制

种猪在繁殖后代的过程中，对猪只生产品质及生产性能起关键性作用，同时对传播疫病特别是种源性疫病的影响面很大。一旦种用动物患病或成为病原携带者，会成为长期的传染源，通过其精液、胚胎垂直传播给后代，造成疫病的传播和扩散。因此必须高度重视引进猪只特别是种猪引种的安全控制工作，提高猪只品质，防止动物疫病远距离跨地区传播，减少途病途亡。

一、引种前做好充分准备工作

（一）制定引种计划

猪场应该结合自身的实际情况，根据种群更新计划，确定需要的品种和数量，有选择性地购进能提高本场种猪某种性能且与自己的猪群健康状况相同的优良个体。如果要加入核心群进行育种的，则应购买经过生产性能测定的种公猪或种母猪。新建猪场应从所建猪场的生产规模、产品市场和猪场未来发展的方向等方面进行计划，确定所引进种猪的数量、品种和级别，是外来品种（如大约克、杜洛克或长白）还是地方品种，是原种、祖代还是父母代。根据引种计划，选择质量高、信誉好的大型种猪场引种。

（二）应了解的具体问题

（1）了解引进猪只的情况　调查各地疫病流行情况和猪的质量情况，必须从没有危害严重的疫病流行的地区，并经过详细了解的健康种猪场引进种猪，同时了解该种猪场的免疫程序及其具体措施。

（2）了解该种猪场种猪选育标准　公猪需要了解其生长速度（日增重）、饲料转化率（料重比）、背膘厚（瘦肉率）等指标，母猪要了解其繁殖性能（如产仔数、受胎率、初配月龄等）。种猪场引种最好能结合种猪综合选择指数进行选种，特别是从国外引进种猪时更应重视该项工作。

（3）隔离舍的准备工作　猪场应设隔离舍，要求距离生产区最好有300m以上距离，在种猪到场前的30d（至少7d）应对隔离栏舍及用具进行严格消毒，可选择质量好的消毒剂，进行多次严格消毒。

二、选种时应注意的问题

种猪要求健康、无任何临床病征和遗传疾患（如脐疝、瞎乳头等），营养状况良好，发育正常，四肢要求结合合理、强健有力，体形外貌符合品种特征和本场自身要求，耳号清晰，纯种猪应打上耳牌，以便标识。种公猪要求活泼好动，睾丸发育匀称，包皮没有较多积液，成年公猪最好选择见到母猪能主动爬跨、猪嘴含有大量白沫、性欲旺盛的公猪。种母猪生殖器官要求发育正常，阴户不能过小和上翘，应选择阴户较大且松弛下垂的个体，有效乳头应不低于6对，分布均匀对称，四肢要求有力且结构良好。

要求供种场提供该场免疫程序及所购买的种猪免疫接种情况，并注明各种疫苗注射的日期。种公猪最好能经测定后出售，并附测定资料和种猪三代系谱。

销售种猪必须经本场兽医临床检查无口蹄疫、猪瘟、肠病毒性脑脊髓炎猪瘟、猪传染性萎缩性鼻炎、布氏杆菌病等病症，并由兽医检疫部门出具检疫合格方可准予出售。

三、种猪运输时应注意的事项

最好不使用运输商品猪的外来车辆装运种猪。在运载种猪前24h开始，应使用高效的消毒剂对车辆和用具进行两次以上的严格消毒，最好能空置一天后装猪，在装猪前用刺激性较小的消毒剂彻底消毒一次，并开具消毒证。

在运输过程中应想方设法减少种猪应激和肢蹄损伤，避免在运输途中死亡和感染疫病。要求供养种场提前2h对准备运输的种猪停止投喂饲料。赶猪上车时不能赶得太急，注意保护种猪的肢蹄，装猪结束后应固定好车门。

长途运输的车辆，车厢最好能铺上垫料，冬天可铺上稻草、稻壳、木屑，夏天铺上细沙，以降低种猪肢蹄损伤的可能性；所装载猪只的数量不要过多，装得太密会引起挤压而导致种猪死亡；运载种猪的车厢隔成若干个隔栏，安排4～6头猪为一个隔栏，隔栏最好用光滑的水管制成，避免刮伤种猪，达到性成熟的公猪应单独隔开，并喷洒带有较浓气味的消毒药（如复合酚），以免公猪间相互打架。

长途运输的种猪，应对每头种猪按1ml/10kg注射长效抗生素，以防止猪群途中感染细菌性疾病轻声临床表现特别兴奋的种猪，可注射适量氯丙嗪等镇静针剂。

长途运输的运猪车应尽量行驶高速公路，避免堵车，每辆车应配备两名驾驶员交替开车，行驶过程应尽量避免急刹车；途中应注意选择没有停放其他运载动物车辆的地点就餐，绝不能与其他装运猪只的车辆一起停放；随车应准备一些必要的工具和药品，如绳子、铁线、钳子、抗生素、镇痛退热以及镇静剂等。

冬季要注意保暖，夏天要重视防暑，尽量避免在酷暑期装运种猪，夏天运种猪应避免在炎热的中午装猪，可在早晨和傍晚装运；途中应注意经常供给饮水，有条件时可准备西瓜供种猪采食，防止种猪中暑，并寻找可靠水源为种猪淋水降温，一般日淋水 3 ~6 次。

运猪车辆应备有汽车帆布，若遇到烈日或暴风雨时，应将帆布遮于车顶上面，防止烈日直射和暴风雨袭击种猪，车厢两边的篷布应挂起，以便通风散热；冬季帆布应挂在车厢前上方以便挡风保暖。

长途运输可先配制一些电解质溶液，用时加上奶粉，在路上供种猪饮用。运输途中要适时停歇，检查有无病猪只，大量运输时最好能准备一辆备用车，以免运猪车出现故障，停留时间太长而造成不必要的损失。

应经常注意观察猪群，如出现呼吸急促、体温升高等异常情况，应及时采取有效的措施，可注射抗生素和镇痛退热针剂，并用温度较低的清水冲洗猪身降温，必要时可采用耳尖放血疗法。

四、种猪到场后的管理

新引进猪只首先需进行隔离观察、消毒，下一步工作就是经过一定的方式让其逐步适应新的环境，并且无论引种的多少都应坚持适应驯化过程。

种猪到达目的地后，应立即对卸猪台、车辆、猪体及卸车周围地面进行消毒，然后将种猪卸下，按大小、公母进行分群饲养，有损伤、脱肛等情况的种猪应立即隔开单栏饲养，并及时治疗处理。

先给引进猪提供饮水，休息 6 ~ 12h 后方可供给少量饲料，第 2 天开始可逐渐增加饲喂量，5 天后才能恢复正常饲喂量。种猪到场后的前 2 周，由于疲劳加上环境的变化，机体对疫病的抵抗力会降低，饲养管理上应注意尽量减少应激，可在饲料中添加抗生素和多种维生素，使种猪尽快恢复正常状态。

隔离与观察：种猪到场后必须在隔离舍隔离饲养 30 ~ 45d，严格检疫。特别是对布氏杆菌、伪狂犬病等疫病要特别重视，须采血经有关兽医检疫部门检测，确认为没有细菌感染阳性和病毒野毒感染，并监测猪瘟、口蹄疫等抗体情况。

种猪到场 1 周开始，应按本场的免疫程序接种猪瘟等各类疫苗，7 月龄的后备猪在此期间可做一些引起繁殖障碍疾病的防疫注射，如细小病毒病、乙型脑炎疫苗等。

种猪在隔离期内，接种完各种疫苗后，进行一次全面驱虫、可使用多拉霉素或长效伊维菌素等广谱驱虫剂按皮下注射进行驱虫，使其能充分发挥生长潜能。隔离期结束后，对该批种猪进行体表消毒，再转入生区。

接触驯化让引进的猪只接触现有的病原微生物，可以每天从产床上将粪便运到隔离舍猪栏内，让引进的猪吃掉，使其慢慢适应现有微生物群系。2 周后将计划淘汰的母猪迁进临近猪栏里，与引进的猪只隔栏接触。

此适应驯化过程持续至少 4 ~ 6 周，隔离驯化期结束时，如果引进的种猪仍健康无病便可投入使用。

第二节 饲料及饲料添加剂质量安全控制

猪场作为猪肉产品链的源头，其饲料及饲料添加剂安全关系到整个畜产品链的安全，进而影响人类健康。因此，有效地控制猪场饲料安全问题就显得至关重要。

饲料安全是指饲料中不应含有对饲养动物的健康与生产性能造成实际危害的有毒、有害物质或因素，并且这类有毒、有害物质或因素不会在畜产品中残留、蓄积和转移而危害人体健康或对人类的生存环境构成威胁。

一、饲料原料质量控制

饲料原料的质量控制是整个饲料质量控制体系的基础，原料品质的优劣与稳定直接关系到饲料产品的质量，因此加强原料的质量控制，防止原料质量不合格或霉变、污染等是保证高质量饲料产品的前提。

目前我国绝大多数规模化猪场采用自配料方式，原料选购上应该严格按照饲料卫生标准 GB 13078—2001 的要求进行质量把关，每批原料进场时要进行抽检，加强对农药残留、有毒有害物质、霉菌毒素等严重影响饲料安全的指标的检测，坚决杜绝不合格饲料原料进入养殖场。大宗原料的水分应控制在 13%（南方）或 14%（北方）以下，微量组分的水分和干燥失重应在标准要求内。

二、饲料贮藏

猪场饲料贮藏过程中经常发生氧化酸败和霉变现象，猪对发霉饲料十分敏感，稍有霉变就会减少采食量，甚至拒绝采食。霉变饲料不仅影响猪的生长，还会降低猪的抗病力。常见未到年龄的小母猪阴户红肿似发情、怀孕母猪流产死胎增多都与饲料霉变有关。而米糠、麦麸、玉米等在高温高湿环境下很容易发霉。所以储藏过程中如何防止发生氧化酸败和避免霉菌感染成为控制饲料质量安全的一个重要方面。

饲料贮藏过程中，霉变与氧化是相互联系、相互影响的。为防止饲料霉变，要严格控制饲料和原料的湿度、温度和氧气。温度不宜过高，通风良好，装袋严密，水分最好控制在12%以下，尤其要注意玉米水分含量。尽量避光，因为光照会破坏饲料中的维生素A、维生素E和β－胡萝卜素。可以添加化学防霉剂如丙酸及其盐类、山梨酸及其盐类等。对于部分霉变的饲料，常用的脱毒方法有物理分离、热处理、微生物降解、辐射、生物酶技术和化学处理等，现在普遍应用霉菌毒素吸附剂。正常情况下，饲料工业产品保质期为：配合饲料夏季1个月，冬季2个月，粉状全价配合饲料的储藏期不超过10d，加适量抗氧化剂的浓缩饲料储藏期为3～4周，预混料1～3个月，最长不超过6个月。

三、科学合理地使用饲料和饲料添加剂

猪场饲料原料使用按生猪饲养饲料使用准则NY 5032—2001执行，注意饲料包装袋上的标签，不要用过期饲料。所使用的饲料添加剂产品必须是农业部公布的《允许使用的饲料添加剂品种目录》中所规定的品种和取得试生产产品批准文号的新饲料添加剂品种，并由取得饲料添加剂生产许可证的企业生产的具有产品批准文号的产品。药物饲料添加剂的使用应符合农业部发布的《饲料药物饲料添加剂使用规范》要求。生产含药物添加剂的饲料产品时，必须在产品标签中标明所含兽药成分的名称、含量、适用范围、停药期规定及注意事项等。禁止在饲料和饮水中

添加兴奋剂（瘦肉精）、镇静剂、激素类、砷制剂。国家也正对这些添加量小、检测难度大、检测时间长的违禁添加剂采取有力的监管措施。

四、饲料加工过程的控制

饲料加工过程是饲料生产的重要环节，合理设计加工工艺和选择设备，是保证饲料安全生产的重要环节。在加工过程中，首先是除去饲料原料中大的杂物和金属物质，通常先经初清筛选，再经磁选，除杂率通常要求在99.5%以上。其次称量要准确，混合要均匀。

总之，饲料质量安全问题直接影响畜产品品质，进而影响人类食品的安全性，并对环境有一定影响。生产中，一定要严格把关，防患于未然。

第三节　饮用水质量安全控制

养猪场的水源主要来自地表水、地下水和自来水。其中自来水最安全卫生，但由于成本较高，农村和城郊养猪用水主要来自未经处理的蓄积雨水和污染而未处理的地下水。最严重的问题是在多数猪场其饮用水中有毒有害物质的含量都超出了国家标准，长期饮用会危害猪只的健康，甚至危害管理人员的健康。因此在规模化养猪场中对饮用水进行定期检测和持续消毒应该予以高度重视。

一、科学选择水源

为选择优质无污染的水源，在规模化养猪场建场之初就应该做好猪场的选址工作，选择远离居民生活区、养殖场、屠宰场、兽医医疗机构、污水处理厂、食品加工厂、化工厂等相对安静偏僻的区域。在有条件的地方尽可能地使用地下水。若采用地表水做水源时，取水口应在猪场自身和工业区或居民区的污水排放口上游，并与之保持较远的距离；取水口应建立在靠近湖泊或河流中心的地方，如果只能在近岸处取水，则应修建能对水进行过滤的滤井。在修建供水系统时要考虑到对饮用水的消毒方式，一般可在水塔或蓄水池对水进行消毒。供水前要对当地水质进行严格检测，要求水质必须符合无公害畜禽饮用水标准（NY5027—2001）要求，如不符合则必须做好水源的消毒和净化工作；同时要保证水量充足。以一个自繁自养的年出栏万头的猪场为例，每天至少需要100t 水。如果水源不足将会严重影响猪场的正常生产和生活。所以对于一个万头猪场，水井的出水量最好在10t/h以上。

二、建立科学的自动供水系统

规模化养猪场的供水系统应该至少设置3套，即一套猪的自动饮水供水系统，一套带增压设备的猪舍冲洗消毒用水系统，一套专供猪群投药饮水的保健用水系统。

自动饮水供水系统可实现猪只在需要时能即时饮到清洁充足的饮用水，保证猪的正常生长发育的需要；带增压设备的猪舍冲洗消毒用水系统可以高效地完成猪场的清洗消毒工作，并可用于夏季的喷雾降温，减少猪只的热应激。保健用水系统可以轻松地完成不同时期猪的药物预防保健或疾病防治任务，减少转圈、环境、疫病等对猪造成的不良应激，提高猪群的免疫抗病能力。

如果采用冲洗用水和饮用水分开的方式，由于冲洗用水主要考虑水量的问题，经一般净化消毒处理和简单的水质监测即可大量使用地面水资源，可节约用水的成本。

三、采用新型供水管道和饮水设备

猪场的所有供水管道建议均使用 PVC 管材，这种管材不仅安装管理方便，而且清洁卫生，结实耐用，不会生锈腐蚀，出现管道堵塞的现象也较少。在生产中，为防止冬季严寒对规模化养猪场供水造成影响，PVC 水管通道应铺设在舍内或地下 20～40cm 处，在管道的每个主要结点处应该设置水管检修口，以便于检查和维护供水管道。

饮水设备一般主要包括各类型的饮水器械（乳头式饮水器、杯式饮水器、鸭嘴饮水器、大型自动饮水槽等），还包括饮水塔、压力罐、滤水器等其他相关配套设施。要求供水设施齐备，安装合理，同时要做好对供水管道和供水设备以及饮水设备的定期检修，减少“跑、冒、滴、漏”，节约用水。

四、保证供水量和供水温度

为保证全群猪只的健康生长，就要保证充水的供水量，这就要求对于不同阶段的猪采用与之相适应的类型和型号的饮水器，同时饮水器安装数量、安装高度和位置也要合理，以便于猪只科学饮水，减少水的浪费。同时，对供水温度应该有严格要求，一般要求饮水温度种猪一般控制在 10～30℃，哺乳仔猪最好控制在 22～37℃。

五、定期检测水质，保证猪场的供水安全

对于提供给规模化养猪场的地下或地表饮用水一定要定期抽检水质，一般每半年至少检测一次。对于水质不符合要求的饮用水，一定要及时消毒和处理后，在保证水质安全卫生的情况下才能使用。猪场在水的质量控制中要注意以下关键点。

（一）物理特性检查

（1）浑浊度 高的浑浊度可由水中的悬浮物引起。如果水的浑浊度低于5NTU's（浑浊度测定单位），猪还可以接受，否则需要检查水中化学物质和微生物含量，以便找出原因。因为水中悬浮的沙或者黏土等导致浑浊度提高的成分，可导致供水系统出现问题，影响过滤器的效力，还会降低水消毒的效果。

（2）颜色 纯水是无色的，水的颜色是由水中所含溶解物质或胶体物质和悬浮物质所致。可用色度单位（TCU's）度量，对猪来说，它不是饮水时关心的问题，除非该颜色是水中不受猪欢迎的物质引起。

（3）气味 新鲜的水应几乎是无味的。如果有味道的话，查清引起气味的原因是十分重要的，需要进一步分析，引起水味道的常见原因为微生物污染或有机化合物存在。用气味阈值（TON's）衡量。

（二）化学特性检查

（1）可溶性固形物 即水中总的可溶性固形物（TDS），被用作一种手段来判断猪饮水的适应性，TDS主要是各种溶解性盐类，包括碳酸氢盐、氯化物、硫酸盐（钠、钙、镁）等。通常，如果TDS含量低于1 000mg/L，矿物质污染不需要考虑也不需要进一步检测。如果TDS在1 000～3 000mg/L，水中的阴离子主要是硫酸根离子时，则可能会引起猪的一过性腹泻，尤其是年龄小的仔猪更容易发生。如果TDS在3 000～5 000mg/L时，需要注意。超过5 000mg/L的，饲喂前必须仔细检查。猪能适应各种各样的水质，但是如果选择饮水的话，最好选择TDS含量低的水，选择TDS含量高的水时，必须要对水质进行分析与确定。

（2）pH值 水的酸碱度指标，大部分水的pH值在可接受的范围即6.5～8.5，如果pH值升高，会降低某些消毒剂如漂白粉的消毒效果，一些加入水中的药物可能会形成沉淀。水中 pH 值的改变可能会与某些添加的药物产品相互作用，因此加药时必须注意水的酸碱性。

(3) *硝酸盐和亚硝酸盐* 硝酸盐和亚硝酸盐能凝固血液中的血红蛋白，形成高铁血红蛋白，降低其携带氧的能力。猪饮水中推荐的上述两类物质总量不超过 100mg/L，硝酸盐不超过 10mg/L。

(三) 微生物的检查

水中微生物尤其是病原微生物通常是水质的基本问题，水中病原微生物的存在可能会导致猪群疾病的暴发，严重影响生产水平。使用地表水最危险，因为其被污染的几率大；地下水也有可能含病原体，例如水中可能含大肠杆菌、沙门氏菌、志贺氏杆菌，也可能含病毒如肠道病毒，也可能含有致病性原生动物如隐孢子虫、鞭毛虫等，水中的某些藻类等也可以导致胃肠炎。对于那些使用自来水的猪场，水厂在控制水中病原微生物方面都有一套完整的方案，一般不会出现病原微生物超标的情况，而对于那些使用山泉水或深井水的猪场，就必须引起高度重视，必须加强对水中病原微生物的定期或不定期的监测，以防患于未然。

为规范养殖场用水的安全标准，我国政府近年来也出台了一系列关于畜禽饮用水的标准。中华人民共和国农业行业标准《绿色农业动物卫生准则 NY/T 473—2001》中规定畜禽饮用水水质应符合我国正式颁布的《生活饮用水卫生标准 GB 5749—2006》的要求，以及在《无公害食品畜禽饮用水水质 NY 5027—2008》中也对畜禽饮用水的质量有明确规定。

第四节　日常用药及消毒安全控制

疫苗、治疗药物和消毒药是养猪场最常用的药物，生产上必须注意使用方法和保存。兽药使用按《生猪饲养兽药使用准则NY 5030—2001》执行。在治疗猪病时，如果合理用药，则能充分发挥药物的作用，减少药物对病猪的毒性．迅速有效地控制病情，避免更多的经济损失。反之，则延误病情，降低养猪效益。

一、疫苗

（一）常用疫苗

在当前猪的疫病防治工作中，使用疫苗是最主要的措施之一。在生产中选择猪用疫苗必须要考虑使用疫苗的目的、疾病的控制计划、疫苗的种类与效果优劣和猪场能否顺利应用等问题。养猪生产中常用的疫苗有猪瘟活疫苗（如脾淋苗、乳兔组织苗、牛睾细胞苗）、高致病性猪蓝耳病疫苗、猪伪狂犬病疫苗、猪细小病毒油乳剂灭活苗、猪肺疫氢氧化铝灭活苗、仔猪副伤寒弱毒冻干苗、猪喘气病弱毒冻干疫苗、猪乙型脑炎冻干活疫苗。

（二）疫苗的接种方法

（1）皮下注射　皮下注射是目前使用最多的一种方法，大多数疫苗都是经这一途径进行免疫。将疫苗注入皮下组织后，经毛细血管吸收进入血流，通过血液循环到达淋巴组织，从而产生免疫反应。注射部位多在耳根皮下，皮下组织吸收比较缓慢而均匀，要注意的是油类疫苗不宜皮下注射。

（2）肌内注射　肌内注射是将疫苗注射于肌肉内，注射针头要足够长，以保证疫苗确实注入肌肉里。生产中油佐剂疫苗多使用这种方法。

(3) 超前免疫　是指在仔猪未吃初乳时注射疫苗，注射疫苗后1~2h才给吃初乳，目的是避开母源抗体的干扰，尽可能早地刺激机体产生基础免疫，这种方法常用在猪瘟的免疫上，但应激很大，对仔猪的断奶重有影响

(4) 滴鼻接种　滴鼻接种是属于黏膜免疫的一种，目前使用比较广泛的是猪伪狂犬病基因缺失疫苗的滴鼻接种。

(5) 口服接种　如仔猪副伤寒活疫苗和多杀性巴氏杆菌活疫苗等可经口服免疫接种疫苗。由于消化道温度和酸碱度都对疫苗的效果有很大的影响，因此这种方法目前很少使用。

(6) 气管内注射和肺内注射　这2种方法多用于猪喘气病的预防接种。

(7) 穴位注射　在注射有关预防腹泻的疫苗时多采用后海穴注射，能诱导猪体产生较好的免疫反应。如猪传染性胃肠炎和流行性腹泻疫苗采用猪后海穴接种，效果较好。

(三) 不同种类疫苗及其保存

(1) 冷冻真空干燥疫苗　大多数的活疫苗都采用冷冻真空干燥的方式冻干保存，可延长疫苗的保存时间，保持疫苗的效价。病毒性冻干疫苗常在-15℃以下保存，一般保存期2年。细菌性冻干疫苗在-15℃保存时，保存期为2年；2~8℃保存时，保存期为9个月。

(2) 油佐剂灭活疫苗　该类疫苗为灭活疫苗，以白油为佐剂乳化而成，大多数病毒性灭活疫苗采用该种方式，能延长疫苗的作用时间。该类疫苗2~8℃保存，禁止冻结。

(3) 铝胶佐剂疫苗　以铝胶按一定比例混合而成，大多数细菌性灭活疫苗采用这种方式，疫苗作用时间比油佐剂疫苗快。2~8℃保存，不宜冻结。

(4) 蜂胶佐剂灭活疫苗　以提纯的蜂胶为佐剂制成的灭活

疫苗，蜂胶可增加免疫的效果，减轻注苗的不良反应。该类灭活疫苗作用时间比较快，但制苗工艺要求高，需高浓缩抗原制作疫苗。2～8℃保存，不宜冻结，用前须充分摇匀。

（四）合理使用疫苗需注意的问题

根据本场的实际情况，选择可靠和适合自己猪场的疫苗及相应的血清型。疫苗接种前，要认真阅读瓶签及使用说明书，严格按照规定稀释疫苗和使用疫苗，不得任意变更，稀释疫苗时一定要按照疫苗使用说明的要求选用稀释液，疫苗自稀释后15℃以下4h、15～25℃为2h、25℃以上1h内用完。

注意疫苗质量问题，仔细检查疫苗的外包装与瓶内容物，变质、发霉及过期的疫苗不能使用，超温保存失效疫苗和失真空疫苗不能使用。按规定剂量使用，由于疫苗本身还有部分毒力，因此，在使用时要严格按照说明书剂量使用。

注射时注意用具的消毒，防止交叉感染，从现在情况看像猪蓝耳病、伪狂犬病等阳性率比较高或猪瘟隐性带毒猪存在，每头猪一个针头虽然麻烦，但非常有必要。

正在潜伏期的猪只接种弱毒活疫苗后，可能会激发疫情，甚至引起猪只发病死亡。妊娠母猪尽可能不要接种弱毒活疫苗，特别是病毒性活疫苗，避免经胎盘传播，造成仔猪带毒，发高烧、老弱、病残猪只不要接种疫苗。

个别猪只因个体差异，注射疫苗（如猪瘟疫苗）要注意避免过敏反应的发生。备一些肾上腺素或地塞米松，注射疫苗后要观察20～30min，发现呕吐等过敏反应时要立即注射肾上腺素0.5～1ml或使用地塞米松等药物解救，以减少不必要的损失。

防止药物对疫苗接种的干扰和疫苗相互之间的干扰。在注射病毒性疫苗的前、后3d严禁使用抗病毒药物，两种病毒性活疫苗的使用要间隔7～10d，减少相互干扰。病毒性活疫苗和灭活

疫苗可同时分开使用。注射活菌疫苗前、后5d严禁使用抗菌素，两种细菌性活疫苗可同时使用。抗菌素对细菌性灭活疫苗没有影响，可以同时使用，分别肌内注射。

存疫苗接种期可选用抗应激和提高免疫功能的药，如维生素类、高效微量元素及某些具有免疫促进作用的中药制剂等，以提高免疫效果。

二、治疗药物

（一）常用药物

根据当地猪病发生情况与流行规律，结合猪场实际，有计划、有针对性地选择有效的药物进行预防和治疗，这是养猪场疫病防治工作中的一项重要措施。特别是目前还有不少猪的传染病与寄生虫病尚无有效疫苗，往往通过饲料与饮水添加药物喂饮可达到预防的目的。各养猪场应在母猪、哺乳仔猪、保育猪及育肥猪四个阶段，针对某些病原菌选择敏感药物，预防猪群外源性和内源性的细菌性感染，减少发病率与病死率，增加产仔数，成活率和出栏率，以取得良好的经济效益与防疫效果。

猪场预防和治疗疾病的常用药物有β－内酰胺类、氨基苷类、四环素类、氯霉素类，氟喹诺酮类、磺胺类、林可酰胺类等。

①β－内酰胺类：青霉素类和头孢菌素类。

②氨基苷类：链霉素、双氢链霉素、庆大霉素、新霉素、卡那霉素、丁胺卡那霉素、壮观霉素等。

③四环素类：土霉素、金霉素、四环素、甲烯土霉素、强力霉素等。

④氯霉素类：有氟苯尼考、强力霉素、新霉素等；大环内酯类，有红霉素、罗红霉素、阿奇霉素、泰乐菌素、替米考星、螺

旋霉素、北里霉素等。

⑤氟喹诺酮类：氟哌酸、培氟沙星、洛美沙星、恩诺沙星、环丙沙星、氧氟沙星等。

⑥磺胺类；磺胺嘧啶钠、磺胺二甲嘧啶钠、二甲氧苄氨嘧啶（地菌净）、三甲氧苄氨嘧啶（磺胺增效剂）、磺胺甲基异噁唑（新诺明）、磺胺喹噁啉钠。

⑦林可酰胺类：林可霉素、克林霉素。

⑧其他：杆菌肽锌、利福平、氯丙嗪、氨茶碱等。

（二）合理使用药物

1. 确切诊断疾病，严禁不经确诊就盲目投药

群发病时，应及时对已死亡或重症猪进行剖检、检验等，及时确诊，找出病因，制定合理的用药措施，切忌盲目用药。

2. 根据药物的使用范围来选择有效的治疗药物

以定期对本场的病原菌分离后进行药敏试验，并根据药敏试验结果，选用高敏药物。在高敏药物中应首选价廉、易得、使用方便的抗菌药物。对于病毒性疾病，一般抗菌药都无效，目前应用的抗病毒药大多效果也不确实，应用疫苗预防仍是目前控制动物病毒性疾病最有效的方法。

3. 了解所选药物的有效成分，注意药物的有效含量

动物使用抗菌药时，要正确掌握剂量。药量过小，药物在体内达不到有效浓度，且易产生耐药菌株。超剂量使用，不仅不会增加疗效，还会造成猪体内菌群失调，发生内源和外源性感染，很有可能产生毒副作用。

应严格按说明书使用，按推荐剂量使用。同时，应根据动物的年龄、怀孕、病理状态以及对药物的敏感性（肝、肾功能状态）等因素，适当调整药物品种、剂量和疗程。

同时，还需注意足够的治疗疗程，一般的感染性疾病可连续

用药3～5d。症状消失后，巩固治疗1～2d。磺胺类药物治疗的疗程要长一些，但也不宜超过7d。切忌因停药过早而导致患畜疾病复发，并产生耐药性。

4. 选择适宜的给药途径

给药途径不仅影响药物吸收的速度和数量，与药理作用的快慢和强弱有关，有时甚至会产生性质完全不同的作用。如硫酸镁溶液内服起泻下作用，若静脉注射则起镇静作用。猪群常用给药方法有内服给药、注射给药、直肠给药、皮肤给药等，由于不同药物的吸收途径和在体内分布浓度的差异，因此给药方法不同，疗效也有所不同。

一般来说，危重病症应以肌内注射或静脉注射给药，消化道感染应以内服为主，严重消化道感染与并发败血症、菌血症应内服并配合注射给药。一些药物不能内服只能注射给药，如青霉素。肠道感染时，应选用肠道吸收率较低或不吸收的药物混饲或饮水；全身感染时，则应选用肠道吸收较高的药物混饲或饮水。猪群发病期间，食欲下降，饮水给药可获得有效药量，不溶于水或微溶于水的药物以及在水中易分解降效或不耐酸、不耐酶的药物则禁止以饮水方式给药；混饲给药多适宜长期预防性投药，饮水用药适宜短期投药及群体性紧急性治疗。直肠给药在治疗便秘、补充营养等方面能发挥较好的作用。皮肤给药特别适宜治疗体外寄生虫病，但脂溶性大的杀虫药可被皮肤吸收，应防中毒。

5. 药物合理配伍

配伍用药需利用药物的协同作用和颉颃作用，在临床上可利用协同作用叠加或增强药物之间的药效以提高疗效，而颉颃作用可用于减轻或避免某些药物的副作用或解除药物的毒性反应。但应注意药物的配伍禁忌。

（1）碱性药物不能与酸性药物配合应用　碱性药物如小苏

打、人工盐、健胃散、氨茶碱注射液和磺胺类钠盐注射液等。酸性药物如青霉素、硫酸链霉素注射液、硫酸庆大霉素注射液、硫酸卡那霉素注射液、维生素 C 注射液、葡萄糖酸钙注射液等。以上药物若配伍使用，易发生沉淀，若肌内注射易造成药物吸收不良，降低药效。若静脉注射则易造成血管栓塞及局部血液循环障碍。

(2) 杀菌剂不能与抑菌剂配合应用　如氟喹诺酮类药物（氧氟沙星、诺氟沙星、恩诺沙星、环丙沙星等），不能与甲砜霉素、氟苯尼考等药物配合使用。青霉素不能与四环素类药物等联合应用。

此外，卡那霉素、甲砜霉素、痢特灵、磺胺类、糖皮质激素类（如地塞米松、氢化可的松等）可影响疫苗免疫效果，免疫前后 3 ~5d 应避免使用。

6. 猪常用内服药与注射药的休药期和允许残留量

动物性食品中的兽药残留越来越成为广受关注的公共卫生问题。药物残留不但影响人们的身体健康，而且不利于养殖业的健康发展。严格执行休药期是控制兽药残留的重要措施。

三、消毒药

（一）常用消毒药物

常用的消毒药有过氧化物类消毒剂、醇类消毒药剂、酚类消毒剂、醛类消毒剂、卤素类消毒剂、碱类制剂、季铵盐类消毒剂、醇类消毒剂等。

(1) 过氧化物类消毒剂　过氧乙酸（市售浓度为 20% 左右）、高锰酸钾、过氧化氢等。

(2) 醇类消毒药　最常用的是 70% 乙醇和异丙醇等。

(3) 酚类消毒剂　苯酚（石碳酸）、来苏尔（皂化甲酚溶液）、菌毒敌消毒剂（原名农乐，复合酚），农福等。

（4）醛类消毒剂　福尔马林（37% ~40%甲醛溶液）等。

（5）卤素类消毒剂　漂白粉、次氯酸钠、菌毒王消毒剂（二氯化氯的二元复配型消毒剂）、强力消毒王（一种新型复方含氯消毒剂，主要成分为二氯异氰尿酸钠，并加入阴性离子表面活性剂等。本品有效氯含量为20%）、碘类消毒剂。

（6）碱类制剂　火碱（氢氧化钠），生石灰（氧化钙，10% ~20%石灰乳，且宜现用现配）。

（7）季铵盐类消毒剂　新洁尔灭、洗必泰、杜灭芬、双季胺盐（百毒杀）、瑞德士－203 消毒杀菌剂（由双链季胺盐和增效剂复配而成）、百菌灭消毒剂（复合型双链季铵盐化合物）、畜禽安消毒剂（复合型第五代双单链季胺盐化合物）。

（二）消毒药使用注意事项

1. 消毒药的选择

消毒药种类很多，应依消毒对象、消毒目的及环境状况，结合消毒药品的特性、杀菌效力选择对病原体消杀作用强、效期长。对人畜毒性小、不损伤物体和器械、易溶于水、价廉、谱广和使用方便的药品。

2. 在应用消毒时必须注意直接影响消毒效果的因素

①在进行猪舍内、外的消毒时，首先要彻底消扫、洗刷、去除粪便硬痂和其他有机污物，猪舍内的顶棚也要清扫，去除尘埃和蜘蛛网，否则影响消毒效果。

②带猪消毒时，一定要采用对人畜刺激性小、毒性低的消毒剂，而且，不能直接对着猪头部喷雾消毒，防止对猪眼睛造成伤害。

③消毒药物使用浓度与消毒效果成正比，必须按规定的浓度使用，否则影响消毒效果。但要注意酒精的浓度以 75% 时消毒

效果最好。

④药物温度和对病原体作用时间长短，与消毒效果也呈正比关系。如热火硷水、福尔马林加热熏蒸消毒时一定要在无猪的情况下，关闭门窗，将缝隙密封，在不影响转群等情况下要连续熏蒸8～10h，然后打开门窗排除剩余药物气体，（尤其使用甲醛消毒剂熏蒸后）再往猪舍内调猪。

四、猪场消毒安全控制

消毒是保障猪场安全生产的一个非常重要的措施，通过消毒工作可以达到杀灭和抑制病原微生物扩散或疫病传播的目的。消毒分为日常消毒、空舍消毒和器械消毒等。

（一）日常消毒

（1）入场人员的消毒要求　场门、生产区以及生产车间门前必须设有消毒池，池内的消毒液必须保持有效的浓度，消毒液每周一、周四进行更换。每次更换要有记录，走道的消毒垫必须保持潮湿，消毒液浸湿；进场前必须先用消毒剂洗手，将手和暴露在外面容易接触到的手臂清洗干净，洗完后自然干燥；入场前必须喷雾消毒30s，达到全身微湿；脚踩消毒垫或消毒池1min，消毒垫（池）的消毒液要用高浓度的消毒液；员工外出回场需在门卫处洗头、洗澡，更换场内预先准备的干净衣服和鞋子方可入内。

（2）进入生产区的消毒要求　员工或场外人员进入生产区须经过洗头、洗澡、更换工作服和工作鞋后方能进入生产区。

（3）进入猪舍的消毒要求　进入猪舍的人员必须穿胶鞋和工作服，双脚必须踏入消毒池消毒10s以上或者更换猪舍内部的胶鞋，并且洗手消毒。

（4）猪舍内部消毒　各栋舍内按规定打扫卫生后，每周一、周四带猪喷雾消毒2次。

(5) *饲料及断奶仔猪运输车辆的消毒* 车辆在进场前必须严格喷雾消毒2次，要用消毒液将车表面完全打湿包括车头车底、车轮、内外车厢、顶棚等。消毒时间间隔30min，消毒后方可从消毒池进入场区。门卫并负责填表做好记录。种猪运输车辆必须专猪专用，具备两副垫板，并将垫板泡于消毒池中24h后晾干后交替使用。

(6) *销售淘汰种猪消毒要求* 销售的淘汰种猪要用内部车辆运到离种猪场500m以外的下风方向或更远的地方再将猪转到商贩车上，赶猪人员要分工明确、分阶段站岗、不同工人应该穿不同颜色衣服。不得在猪栏和上猪台之间来回往返；要防止淘汰猪返回，淘汰猪要从淘汰专用通道出场，不得使用正常的生产通道和上猪台；销售结束后对使用过的上猪台、秤等工具以及过道要及时清理、冲洗、消毒；参与淘汰猪出售的人员，衣鞋要及时清洗、消毒。

(二) 场区内消毒

猪舍外的走道、装猪台、生物坑为消毒重点，每周三消毒一次。外界出现重大疫情时，要用生石灰在场周围建立2m宽的隔离带。解剖病死猪只后必须用消毒剂消毒现场，尸体进入生物坑焚烧炉焚烧或无害化处理等，地表用消毒液泼洒，再用生石灰掩盖，参与人员不得在生产区随意走动，更换衣服洗澡消毒后方可返回生产岗位。

(三) 空舍消毒

空舍后先将灯头、插座及电机等设备用塑料薄膜包好，整理舍内用具和清理舍内垃圾，用洗衣粉1∶400对整个猪舍进行喷洒、浸泡，待停放30min完全浸泡后用压力4MPa高压水枪进行清洗。风扇、百叶窗、水帘等地方进行清洗时应将高压水枪枪头调成喷雾状，避免水压过大损坏设备。

清洗完毕后马上打开风扇抽风让猪舍干燥后，然后用消毒药对栏舍所有表面进行全面消毒，消毒时间不低于2h。

消毒后12h用清水再次冲洗栏舍，再用消毒药彻底喷雾消毒一次。

第2次消毒后12h再用清水将栏舍进行冲洗，将栏舍内所有表面打湿，用高锰酸钾/甲醛熏蒸2d；用量：每立方米需高锰酸钾6.25g，40%甲醛12.5ml；计算：长×宽×高（包括凹凸部分）。

方法：先打湿；使室温保持在27℃左右；每3~4m放置一平底容器；在所有容器内放入高锰酸钾后再量取甲醛，从猪舍一端开始迅速倒入甲醛，或先倒入甲醛而后将称量好的、用纸包的高锰酸钾放入容器，这样更安全。如事先在容器内放入1/2~1倍量的水，可使反应缓和，致使消毒药溅出来。关闭门窗熏蒸12h以上；进猪前至少通风24h。

空栏消毒时间最好控制在7~10d，最低不得低于3d。

（四）器械消毒

（1）注射器针头　注射疫苗前，清洗注射器针头，高压灭菌消毒30min或煮沸消毒45min，晾干备用。

（2）注射部位　通常用2%~5%碘酊消毒，一次涂抹碘酊不易过多，尽量等干燥后再注射，否则碘酊注射针孔进入杀灭疫苗而造成疫苗防疫失败；乙脑用75%酒精消毒（即取95%酒精75ml加蒸馏水至95ml）。

第五节　日常管理及饲喂安全控制

猪场日常管理及饲喂按《生猪饲养管理准则 NY/T 5033—

2001》执行。

一、人员管理

（一）饲养员

应定期进行健康检查，并依法取得健康证明后方可上岗工作，传染病患者不得从事养猪工作。

（二）技术人员

应有专业学历证明或经过职业培训，并取得绿色证书后方可上岗。场内兽医人员不准对外诊疗猪及其他动物的疾病，猪场配种人员不准对外开展猪的配种工作。

（三）生产区工作人员

生产区工作人员一律不得留宿猪舍内，应工作居住在同一个场内，不得与工作在其他猪场内的人员同住一舍。进入扩繁场（计划中）的所有人员必须淋浴、换工作服；个人用品如眼镜须经兽医许可，才能带入；生产区工作人员如果直接接触了外人、外来猪及猪肉产品或者有受到感染的可能性，也必须淋浴、换衣服，于48h以后才可以再次进入猪舍。

（四）来访者

一般来访者是不允许进入公司核心猪场的。来访者和场区其他工作人员、维修人员未经兽医许可不许进入种猪舍。所有来访者必须登记，按指定路径参观。

二、各种车辆管理

运输死动物以及死动物产品的车辆不许进入大门内；禁止所有运输家畜的车辆（尤其是运输猪的甚至运输过病猪的）接近场区，必须进场的要按照要求进行严格消毒；未经许可任何车辆的司机不可进入场区；所有运输屠宰猪、淘汰猪、种猪等的车辆在进场区以前必须严格消毒清洗，干后12h才可以进来；运输饲料的车和运输其他杂物的车只能停在工作区外大门口内。最好固定车辆运送；所有这些卡车司机不应养猪也不应住在任何猪场。

三、消毒制度

对猪场的消毒工作，要经常化、制度化、规范化、程序化，场区消毒、猪舍消毒、路道消毒、车辆具用的消毒要周密、严格、彻底。场区大门以及生产区入口处必须铺垫用5%氢氧化钠溶液浸泡过的脚垫，进场走消毒池。消毒程序和消毒药物的使用，执行NY/T 5033—2001的规定。

四、免疫制度

根据猪场的实际情况，制定有关免疫制度，是保障猪场安全生产的一个非常重要的措施。根据猪场自身的特点及当地疫病流行的规律，以严格的血清学检测结果作为依据，制定出符合自身猪场的免疫程序。严格按场内制定的免疫程序做好免疫接种工作，严格免疫操作规程，确保免疫质量。

定期对主要病种进行免疫效价监测，完善免疫程序，使本场的免疫工作更科学、更实效。

五、饲养管理

采用全进全出的饲养方式可阻断猪只间疾病的横向传播。一栋猪舍一个批次。每批猪出栏后，圈舍应空置14d以上，并进行彻底清洗、消毒。根据饲养工艺进行转群时，按体重大小、强弱分群，分别进行饲养，饲养密度要适宜，保证猪只有充分的躺卧空间。

每天打扫猪舍卫生，保持料槽、水槽用具干净，地面清洁。

经常检查饮水设备，观察猪群健康状态。彻底清除墙上和设备上的污秽结垢，消灭病源的隐藏所。猪舍清空后必须彻底清洗、消毒。

舍内的温度、湿度、气流（风速）、光照、饲养密度，应满足猪只不同饲养阶段的需求。夏季，确保通风良好、防暑降温；冬季，注意保温，防冻防寒。一定要保持厩舍良好的通风和干燥。

饲料要满足猪只的营养需要，少喂勤添，防止饲料污染腐败，禁止饲喂泔水。换料时要有适当的过渡适应期，同时还应在饲料中添加高效、安全药物以控制疾病，但要考虑抗药性问题，控制程序符合《生猪饲养兽医防疫准则 NY 5031—2001》的要求。

猪场内不得饲养其他动物，舍内要有防鼠、防虫、防蝇等设施。定期投放灭鼠药，及时收集死鼠和残余鼠药，并做无害化处理。控制野生动物和飞鸟入内，以防将新病引入猪场。应禁止狗和猫在猪场内四处走动，并且要尽可能消灭昆虫；对野鸟进行控制。

第六节　活猪出栏及运输安全控制

一、活猪出栏安全控制

活猪出栏前要采取望、听、摸、测的方式进行检疫，必要时进行实验室检疫，及时发现染疫动物及病死动物，并及时采取措施防止疫病传播。

望：观察猪的精神状态、皮毛、呼吸等情况。健康猪精神活泼，皮毛光亮，肛门周围干净，无粪便污物。凡是精神不振，被毛蓬乱，肤色发白或发紫，眼角有黏性分泌物，肛门周围有粪污，尾部潮湿者均为患病的表现。

听：主要是听叫声和呼吸声。健康猪叫声洪亮，呼吸均匀。有病时咳嗽，气喘，叫声嘶哑。

摸：主要是触摸猪体表面有无结节，淋巴结是否肿大，有结节或淋巴结肿大均为病猪。

测：主要是量体温，通过望、听摸，发现疑似病猪时进行肛门体温测试，体温低于37.5℃或39.5℃均为病猪。

商品猪上市前，应经兽医卫生检疫部门采集2~3头猪尿样或血清样品，根据GB 16549—1996（畜禽产地检疫规范）检疫，并出具检疫证明，合格者方可上市屠宰。

二、活猪运输安全控制

由于猪肉产销区的不平衡，活猪长途运输越来越多，以保障市场供应。为防止运输造成动物疫病远距离跨地区传播和减少途病途亡，减少应激反应造成的危害，应加强猪只运输管理和安全控制。

（一）运输前检查

（1）备好文件和物资　按《商品装卸运输暂行办法》规定，对押运人员进行明确分工，规定途中的饲养管理制度和兽医卫生要求。备齐途中所需要的各种用具，如蓬布、苇席、水桶、饲槽、扫帚、照明用具、消毒用具和药品等。开具所需证明，如检疫证、非疫区证、准运证、动物及动物产品运载工具消毒证明等。根据数量、路途的远近，备足应携带的饲料。

（2）合理装载　根据当时气候和路途远近选择运输工具。温热季节，运输不超过1昼夜者，可选用高棚敞车；天气较热时，应搭凉蓬并在车门钉上栅栏；寒冷季节，须使用棚车，并根据气温情况及时开关车窗。运输车辆最好采用专用车辆，凡无通风设备、车架不牢固的铁皮车厢，或装运过腐蚀性药品、化学药品、矿物质、散装食盐、农药、杀虫剂等货物的车厢，都不可用来装运。装载量不宜过大，防止过度拥挤。

（二）运输中的安全控制

（1）*及时检查猪群，妥善处理死猪*　运输途中，兽医人员和押运员应认真观察猪只情况，发现病、死和可疑病猪时，立即隔离到车船的一角进行治疗和消毒，严禁将病猪放血和私宰食用或途中乱抛尸体，也不得任意出售和带回原地。必要时，兽医有权要求装运猪只的车船开到指定地点进行检查，监督车船进行清扫、消毒等卫生处理。

（2）*做好防疫工作*　运输过程中，如发现恶性传染病及当地已扑灭或从未流行过的传染病时，应遵照有关防疫规程采取措施，防止扩散，并将疫情及时报告当地或邻近的农业及卫生部门以及上级机关。妥善处理尸体及污染场所、运输工具。同群动物应隔离检疫，注射相应疫苗血清，待确定正常，无扩散危险时，方可准予运输。

（3）*加强饲养管理*　运输途中，押运员对猪群要细心管理，按时饮喂，应经常注意动物的健康，防止聚积堆压。天气炎热时，车厢内应保持通风，设法降低温度，寒冷时则应采取防寒挡风措施。

（三）到达目的地时的安全控制

（1）*查验证件*　到站岸后，押运人员应首先呈交检疫证明文件。检疫证件是3d内填发的，抽查复检即可，不必详细检查。

（2）*查验畜群*　如无检疫证明文件，或动物数目、日期与检疫证明记载不符，而又未注明原因的，或畜群来自疫区，或到站发现有疑似传染病的，则必须仔细查验畜群、查明疑点，作出正确地处理。

(3) 运输工具消毒　卸完后须立即清除粪便和污垢，用热水洗刷干净。在运输过程中发现一般性传染病或疑似传染病的，则必须在清除洗刷后消毒。发现恶性传染病的，要进行 2 次以上消毒，每次消毒后，再用热水清洗。处理程序是，清扫粪便污物，用热水将车厢内彻底清洗干净后，用 10% 漂白粉或 20% 石灰乳、5% 来苏尔、3% 苛性钠等消毒。各种用具也应同时消毒，消毒后经 2 ~ 4h 再用热水洗刷一次，即可使用。没有发生过传染病的车船，粪便可不经处理，直接用作肥料。发生过一般传染病的车船，粪便发酵后才准利用。发生过恶性传染病的车船内的粪便应集中烧毁。

第七章 猪的屠宰加工

第一节 屠宰场的建设及环境控制

一、屠宰场设计建设

（一）屠宰加工厂（场）的厂址选择

合理选择屠宰加工厂（场）的厂址，在兽医公共卫生上具有重要意义。如果厂址选择不当，屠宰加工厂（场）将成为人畜共患病及畜禽疫病的疫源地和自然环境的污染源，危及人民群众的健康和畜牧业的生产安全。因此，建立屠宰加工厂（场）时，厂址的选择和建筑设计必须符合卫生要求。

①凡新建屠宰场须经当地城市规划部门及卫生监督机关的批准。少数民族地区，应尊重民族风俗习惯，将生猪屠宰场和牛羊屠宰场分开建立。

②屠宰加工厂（场）的厂址应远离居民区、医院、学校、水源及其公共场所至少500m，位于居民区的下游和下风向，以免污染居民区的空气、水源和环境。

③地势应平坦并具有一定的坡度，地下水位不得近于地面1.5m，周围无有害气体和灰尘等有害因素的污染。

④应有良好的自然光照和通风条件，建筑物应选择合理的方向，以朝南或朝东南为佳。

⑤交通必须方便，要相对地靠近公路、铁路或码头，但不能设在交通主干道上。

⑥厂区道路应以柏油或水泥硬化，以减少尘土污染和便于清洗消毒。厂区四周围有基深1m、高2m的围墙，以防鼠和其他动物进入。此外，还应加强绿化，调节空气和防止风沙。

⑦屠宰加工厂（场）必须有完善的上下水系统，水质要符合《生活饮用水卫生标准》（GB 5749—2006）。应有污水处理场所和粪便及胃肠内容物发酵处理场所，未经处理的污水和粪便不得运出厂外。

（二）屠宰加工场所总平面布局

屠宰加工企业总体设计要符合科学管理、方便生产和清洁卫生的原则。各车间和建筑物的配置，要布局合理，既要相互连贯又要做到病健隔离，使原料、成品、副产品和废弃物各行其道，不得交叉，以免造成污染甚至疫病病原扩散。

为符合科学管理、方便生产和清洁卫生的要求，将整个建筑群划分为彼此隔离的五个区，实行分区管理。

（1）宰前饲养管理区　即贮畜场，包括宰前预检分类圈、饲养圈、候宰圈、以及饲料加工调制车间、兽医室等，此区还应设置屠畜卸载台、检疫栏、运畜车辆的消毒清洗场所。

（2）生产加工区　包括屠宰加工车间、副产品整理车间、分割车间、肉制品及复制品加工车间、副产品综合利用与生化制药车间、兽医卫检办公室、化验室、冷库。

（3）病畜隔离处理区　包括病畜隔离圈、急宰间、化制车间及污水处理系统。

(4) 动力区　包括锅炉房、供电室、制冷设备室。

(5) 行政生活区　包括办公室、车库、库房、食堂、俱乐部及宿舍等，且应在生产加工区的上风点。

二、屠宰场环境设施要求

(一) 屠宰加工厂（场）环境要求

以上各区之间应有明确的分区标志，尤其是屠畜宰前饲养管理区、生产区和病畜隔离区，应以围墙隔离，设专门通道相连，病畜隔离圈、急宰间、化制间及污水处理场所应设置在屠宰加工区的下风点。并要有严密的消毒措施。厂区内建（构）筑物周围、道路的两侧空地均宜绿化。

行政生活区和生产车间保持相当的距离。肉制品、生化制药、炼油等生产车间应远离宰前饲养区。非清洁区内设有畜粪、废弃物等的暂时集存场所，其地面、围墙或池壁应便于冲洗消毒。运送废弃物的车辆应密闭，并应配备清洗消毒设施及存放场所。

锅炉房应临近使用蒸汽的车间及浴池附近，距食堂也不宜太远。各个建筑物之间的距离，应不影响彼此间的采光。

厂区之间人员的交往，原料（活畜等）、成品及废弃物的转运应分设专用的门户与通道，成品与原料的装卸站台也要分开，以减少污染的机会。所有出入口均应设置符合标准的消毒池，消毒池内应有有效消毒液。

污染物排放应满足国家有关标准的要求。

(二) 屠宰加工厂（场）设施要求

1. 一般要求

①屠宰与分割车间的建筑面积与建筑设施应与生产规模相适

应，车间内各加工区应按生产工艺流程划分明确，人流、物流互不干扰，并符合工艺、卫生及检验要求。

②地面应采用不渗水、防滑、易清洗、耐腐蚀的材料，其表面应平整无裂缝、无局部积水。排水坡度，分割车间不应小于1%，屠宰车间不应小于2%。

③车间内墙面及墙裙应光滑平整，并应采用无毒、不渗水、耐冲洗的材料制作，颜色宜为白色或浅色，墙裙如采用不锈钢或塑料板制作时，所有板缝间及边缘连接处应是密封的，墙裙高度：屠宰车间不应低于3m，分割车间不应低于2m。

④地面、顶棚、墙、柱、窗口等处的阴阳角，必须设计成弧形。

⑤顶棚或吊顶应采用光滑、无毒、耐冲洗、不易脱落的材料，其表面应平整简洁，不应有不易清洗的缝隙、凹角或突起物，不宜设过密的次梁。

⑥门窗应采用密闭性能好，不变形、不渗水、防锈蚀的材料制作，内窗台宜设计成向下倾斜45°的斜坡，或采用无窗台构造。

⑦产品或半成品通过的门，应有足够宽度，避免与产品接触。

⑧通行吊轨的门洞，其宽度不应小于1.2m；通行手推车的双扇门，应采用双向自由门其门扇上部应安装由不易破碎材料制作的通视窗。

⑨车间内应设有防蚊蝇、昆虫、鼠类进入的设施。

⑩楼梯及扶手、栏板均应做成整体式的，面层应采用不渗水材料制作。楼梯与电梯应便于清洗消毒。

2. 宰前建筑设施

宰前建筑设施包括卸猪站台、赶猪道、验收间（包括司磅间)、候宰间（包括候宰冲淋间)、隔离间、兽医工作室与药品间等。

（1）卸猪站台

①公路卸猪站台应高出路面0.9～1.0m（小型拖拉机卸猪应另设站台)，且宜设在运猪车前进方向的左侧，其地面应采用混凝土铺设，并应设罩棚。赶猪道宽度不应小于1.5m，坡度不应大于10%。站台前应设回车场，其附近应有洗车台。洗车台应设有冲洗消毒及集污设施，排水坡度不应小于2.5%。

②铁路卸猪站台有效长度不应小于40m，站台面应高出轨道面1.1m。活猪由水路运来时，应设相应卸猪码头。

③卸猪站台附近应设验收间，地磅四周必须设置围栏，磅坑内应设地漏。

（2）候宰间

①用于宰前检验的候宰间的容量宜按1.0～1.5倍班宰量计算（每班按7h屠宰量计)。每头猪占地面积（不包括候宰间内赶猪道）宜按0.6～0.8m^2计算，待宰间内赶猪道宽不应小于1.5m。

②候宰间朝向应使夏季通风良好，冬季日照充足，且应设有防雨的屋面，四周围墙的高度不应低于1m。寒冷地区应有防寒设施。

③待宰间内应设饮水槽，饮水槽应有溢流口。

（3）隔离间　宜靠近卸猪站台，并应设在待宰间位置的常年主导风向的下风侧。隔离间的面积应按当地猪源的具体情况设置，Ⅰ、Ⅱ级屠宰车间可按班宰量的0.5%～1%的头数计算，每头疑病猪占地1.5m^2；Ⅲ、Ⅳ级屠宰车间隔离间的面积不应少于3m^2。

（4）候宰冲淋间　从候宰间到候宰冲淋间应有赶猪道相连，

赶猪道两侧应有不低于 1m 的矮墙或金属栏杆。候宰冲淋间应符合下列规定。

①候宰冲淋间的建筑面积应与屠宰量相适应，Ⅰ、Ⅱ级屠宰车间可按 0.5～1h 屠宰量计，Ⅲ、Ⅳ级屠宰车间按 1h 屠宰量计。

②候宰冲淋间至少设 2 个隔间，每个隔间都与赶猪道相连，其走道宽度不应小于 1.2m。

3. 急宰间、化制间

①急宰间宜设在隔离间附近，急宰间应设有更衣室、淋浴室。

②急宰间如与化制车间合建在一起时，中间应设隔墙。

③急宰间、化制车间的地面排水坡度不应小于 2%。

4. 屠宰车间

屠宰车间应包括车间内赶猪道、致昏放血间、烫毛脱毛剥皮间、胴体加工间、副产品加工间、兽医工作室等。

冷却间、胴体发货间、副产品发货间应与屠宰车间相连接。发货间应通风良好，并宜采取冷却措施。发货间外应设站台，Ⅰ、Ⅱ、Ⅲ级屠宰车间所在厂宜做成封闭式站台，且使每个发货口直对一个车位。

屠宰车间内致昏、烫毛、脱毛、剥皮及副产品中的肠胃加工、剥皮猪的头蹄加工工序属于非清洁区，而胴体加工、心肝肺加工工序及暂存发货间属于清洁区，在布置车间建筑平面时，应使两区划分明确，不得交叉。

屠宰车间以单层建筑为宜，单层车间宜采用较大的跨度，净高不宜低于 5m。Ⅰ、Ⅱ级屠宰车间的柱距不宜小于 6m。

（1）赶猪道　致昏前赶猪道坡度不应大于 10%，宽度以仅能通过一头猪为宜，侧墙高度不应低于 1m，墙上方应设栏杆使赶猪道顶部封闭。

(2) 致昏放血间　屠宰车间内与放血线路平行的墙裙，其高度不应低于放血轨道的高度。放血轨道的高度高度不低于4.5m，其他部分不低于3.5m。

放血槽应采用不渗水、耐腐蚀材料制作，表面光滑平整，便于清洗消毒。放血槽长度按工艺要求确定，其高度应能防止血液外溢。悬挂输送机下的放血槽，其起始段8～10m的长度内槽底坡度不应小于5%，并坡向血输送管道，放血槽最低处应分别设血、水输送管道。

(3) 烫毛脱毛剥皮间　烫毛生产线的烫池部位宜设天窗，且宜在烫毛生产线与剥皮生产线之间设置隔墙。

(4) 旋毛虫检验室　应设置在靠近屠宰生产线的采样处。室内应光线充足，通风良好，其面积应符合卫生检验的需要。

(5) 病猪胴体间　Ⅰ、Ⅱ级屠宰车间的疑病猪胴体间和病猪胴体间应设置在胴体、内脏同步检验轨道的邻近处。病猪胴体间应有直通车间外的门。

(6) 副产品加工间　副产品加工间及副产品发货间使用的台、池应采用不渗水材料制作，且表面应光滑易清洗消毒。副产品中带毛的头、蹄、尾加工间浸烫池处宜开天窗。

(7) 屠宰车间

①屠宰车间是屠宰加工企业的主体车间，厂房与设施必须与生产能力相适应，结构合理、坚固、便于清洗与消毒。屠宰加工车间与其他车间的联系，最好采用架空轨道和转送带。在大型多层肉类联合加工厂，产品在上下楼之间的传送可采用金属滑筒。一般屠宰场产品的转运，可采用手推车，但应用不渗水和便于消毒的材料制成。

②屠宰车间应设置滑轮、叉档、钩子的清洗间和磨刀间。

③屠宰车间内车辆的通道宽度：单向不应小于1.5m，双向

不应小于2.5m。

④在各检验点，如头部检验点、内脏检验点、胴体检验点等应设有操作台。

⑤悬挂胴体的架空轨道旁边，应设置同步运行内脏和头的传送装置（或安装悬挂式输送盘），以便兽医卫检人员实施“同步检验”。架空轨道运行的速度，猪以每分钟通过6～10头屠体为宜，以便使各岗位的工人和兽医卫检人员有足够的时间完成自已的任务，不致发生漏检。

⑥屠宰车间按工艺要求设置燎毛炉时，应在车间内设有专用的燃料储存间。储存间应为单层建筑，应靠车间外墙布置，并应设有直接通向车间外的出入口，其建筑防火要求应符合现行国家标准《建筑设计防火规范》（GBJ 16—97）第3.2.10条的规定。

⑦特殊屠宰设施。屠宰供应少数民族食用的畜类产品的屠宰厂（场），要尊重民族风俗习惯；使用祭生法宰杀放血时，应设有活畜仰卧固定装置。

⑧完善的上、下水系统。

5. 分割车间

一级分割车间应包括原料（胴体）冷却间、分割剔骨间、分割副产品暂存间、包装间、包装材料间、磨刀清洗间及空调设备间等。

二级分割车间应包括原料（胴体）预冷间、分割剔骨间、产品冷却间、包装间、包装材料间、磨刀清洗间及空调设备间等。

分割车间内的各生产间面积应相互匹配，并宜布置在同一层平面上。

原料预冷间、原料冷却间、产品冷却间至少应各设2间。室内墙面与地面应易于清洗。

原料预冷间设计温度应取0～4℃。

原料冷却间与产品冷却间设计温度应取0℃。

采用快速冷却（胴体）方法时，应设置快速冷却间及冷却物平衡间。快速冷却间设计温度按产品要求确定，平衡间设计温度宜取0～4℃。

分割剔骨间的室温：胴体冷却后进入分割剔骨间时，室温应取10～12℃；胴体预冷后进入分割车间时，室温宜取15℃。

包装间的室温不应高于10℃。

分割剔骨间、包装间宜设吊顶，室内净高不宜低于3m。

6. 职工生活设施

工人更衣室、休息室、淋浴室、厕所等的建筑面积，应符合国家现行有关标准的规定，并结合生产定员经计算后确定。

生产车间与生活间分开布置时应设连廊。

屠宰车间非清洁区生产人员与清洁区生产人员的更衣室、休息室、淋浴室、厕所等应分开布置。两区生产人员进入各自生产区时不得相互交叉。

厕所应符合下列规定。

①应采用水冲式厕所。屠宰与分割车间应采用非手动式洗手设备，并应配备干手设施。

②厕所应设前室，与车间应有走道相连。厕所门窗不得直接与生产操作场所及门窗相对。

③厕所地面和墙裙应便于清洗和排水。

更衣室与厕所间应有直通门相连。更衣柜应符合卫生要求，每人设一个，鞋靴与工作服要分格存放。更衣室宜设有鞋靴清洗消毒设施。

检验人员的生活设施、车间办公室等应与生活间毗邻布置。

第二节　屠宰前准备

一、屠宰前猪只的准备

(1) 休息管理　对猪只进行宰前休息管理可降低宰后肉品的带菌率，增加肌糖原的含量，排出机体内过多的代谢产物，提高肉品的质量。

宰前休息的时间一般为 24 ~ 48h，即可达到宰前休息的目的。

(2) 停饲管理　对猪只进行宰前停饲管理可以节约大量饲料，有利于提高肉的质量，有利于屠宰加工的操作，有利于放血充分，提高肉品的耐藏性。

宰前停饲时间，猪为 12h，停饲期间必须保证充分的饮水，直至宰前 2 ~ 3h。

(3) 淋浴管理　在候宰间的一角装置淋浴设备，将猪只赶至候宰间的淋浴间内，喷淋猪体约 2 ~ 3min，以清除体表的污物，保证屠宰时清洁卫生。淋浴可使猪趋于安静，促进血液循环，保证取得良好的放血效果。淋浴可浸湿猪体表，提高电麻效果，有利于屠宰，提高肉的品质。

淋浴水温在夏季以 20℃ 为宜，冬季以 25℃ 为宜，温度不宜过低或过高，否则，对肉的质量带来不良影响。

二、屠宰前工作人员

为了防止肉品污染，在屠宰加工及生产过程中必须做好生产人员的个人卫生。

(1) 对生产人员的健康要求　在职人员应每半年进行一次

健康检查。招收的新工人，体检合格后方可参加生产。凡患有开放性或活动性肺结核、传染性肝炎、肠道传染病、化脓性皮肤病的患者，均要调离或停止其从事肉食生产的工作，治愈后才能恢复工作。

(2) 对生产人员的卫生要求　所有从业人员都要保持良好的卫生素养，要勤洗澡、勤换衣、勤剪指甲。进入车间要穿戴清洁的工作服、口罩、胶靴。禁止在车间内更衣。从业人员在非工作期间不得穿工作服和胶靴。车间内不准进食、饮水、吸烟。不许对着产品咳嗽、打喷嚏。饭前、便后、工作前后要洗手。急宰间工作人员要配戴平光无色眼镜，配给乳胶手套、外罩及线手套。

三、屠宰前环境设施准备

(1) 宰前饲养管理场　宰前饲养管理场即贮畜场，是对屠畜实施宰前检验、宰前休息管理和宰前停饲管理的场所。宰前饲养管理场贮备牲畜的数量，应以日屠宰量和各种屠畜接受宰前检验、宰前休息管理与宰前停饲管理所需要的时间来计算，以能保证每日屠宰的需要量为原则。容量一般应为日屠宰量的2～3倍。延长屠畜在宰前饲养管理场的饲养日期，既不利于疫病防治，也不经济。应实行计划收购，均衡调宰，尽量做到日宰日清。

宰前饲养管理场应与生产区相隔离，并保持一定的距离。地面不宜太光滑，防止人、畜滑倒跌伤。

宰前饲养管理场的圈舍应采用小而分立的形式，防止疫病传染。应具有足够的光线、良好的通风、完善的上下水系统及良好的饮水装置。圈内还应有饲槽和消毒清洁用具及圆底的排水沟。在寒冷季节畜圈温度不应低于4℃。每栋圈舍的出入口应设有消毒池，并保证池内有符合浓度的消毒液。

（2）病畜隔离圈（间）　病畜隔离圈（间）是供收养在宰前检验中剔出的病畜，尤其是可疑传染病病畜而设置的场所。病畜隔离圈要与屠宰加工企业的其他部门严格隔离，但要与贮畜场和急宰车间保持联系。病畜隔离圈的用具、设备、粪便运输工具等必须专用。病畜应有专人饲养，饲养人员不得与其他车间随意来往。应设专门的粪便处理池，粪尿须经消毒后方可运出或排入排水沟或设粪便焚烧炉。出入口应设消毒池，并要有密闭的便于消毒的尸体运输工具。病畜隔离圈要有严格的管理和消毒措施，不准在圈内加工和处理任何病死畜。

（3）候宰间　候宰间是屠畜等候屠宰、施行宰前停饲管理的专用场所，应与屠宰加工车间相毗邻。候宰间的大小应以能圈养1d屠宰加工所需的牲畜数量为准。候宰间由若干小圈组成，设有良好的饮水设备。候宰间应由专人进行卫生管理，每天工作结束时都应进行彻底的清洗与消毒，若发现病畜时，应及时消毒。邻近屠宰加工车间的一端，设淋浴间，用于屠畜的宰前淋浴净体。应经常对淋浴设施进行检修，保证喷水流畅。

第三节　屠宰加工

肉用牲畜屠宰加工的程序为致昏、放血、剥皮（煺毛）、胴体加工、宰后检验、副产品加工、白条排酸、分割包装。猪的屠宰解体过程不得超过45min，从放血到摘取内脏不得超过30min。

一、致昏

致昏是为实施文明屠宰，提高动物福利而采取的措施，即在牲畜淋浴之后，屠宰放血之前，应用物理（如机械、电击）或化学（吸入CO_2）的方法，使屠畜在宰前短时间内处于昏迷状态，谓之致昏。在放血前，都应予以致昏。致昏的目的是使屠畜暂时失去知觉，减少痛苦和挣扎，保证屠宰操作有序进行，并可减少糖原消耗，为宰后肉的成熟提供良好条件。

致昏的方法有许多种，选用时以操作简便、安全，既符合卫生要求，又保证肉品质量为原则。

电麻法是目前广泛用于各种屠畜的一种致昏法。电麻时电流通过脑部，造成癫痫状态，屠畜心跳加剧，全身肌肉高度痉挛，能得到良好的放血效果。电麻的致昏效果与电流强度、电压大小、频率高低以及作用部位和时间有很大关系。

电麻时使用的设备，因屠畜种类而不同。一种是手提式电麻器或电麻头钳，这种麻电设备在使用前，操作工必须穿戴绝缘的长筒胶鞋和橡皮手套，以免触电，在麻电前应将麻电器的 2 个电极先后浸入浓度为 5% 的盐水，提高导电性能，电麻电压：70～90V，电麻时间：1～3s。

三点式自动电击晕机是目前最先进的一种电麻设备，活猪通过赶猪道进入电麻机的输送装置，托着猪的腹部四蹄悬空经过 1～2min 的输送，消除猪的紧张状态，在猪不紧张的情况下瞬间脑、心电麻，击晕时间：1～3s，击晕电压：150～300v，击晕电流：1～3A，击晕频率：800HZ。这种击晕方式没有血斑，没有骨折，延缓 pH 值的下降，大大改善了猪肉的品质，同时也改善了动物福利。

二、刺杀放血

刺杀放血是用刀刺入屠畜体内，割破血管或心脏使血液流出体外，造成屠畜死亡的屠宰操作环节。刺杀放血须在屠畜致昏后立即进行，不得超过 30s。屠体放血程度是肉品质量的重要指标。为了使放血良好，刺杀放血应由指定的熟练操作工来完成。

（1）*卧式放血*　电麻后的毛猪通过滑槽滑入卧式放血平板输送机上持刀刺杀放血，通过 1 ~ 2min 的沥血输送，猪体有 90% 的血液流入血液收集槽内，这种屠宰方式有利于血液的收集和利用，也提高了宰杀能力。也是和三点式电击晕机最完美的组合方式。

（2）*倒立放血*　电麻后的毛猪用扣脚链拴住一后腿，通过毛猪提升机或毛猪放血线的提升装置将毛猪提升进入毛猪放血自动输送线的轨道上再持刀刺杀放血。

目前，广泛采用的放血方法为切断颈部血管法，即切断颈动脉和颈静脉。猪的刺杀部位，在颈与躯干分界处的中线偏右约 1cm 处，也可在颈部第 1 肋骨水平线下 3.5 ~ 4.5cm 处。刺杀时刀尖向上，刀刃与猪体成 15° ~ 20° 角，杀口以 3 ~ 4cm 为宜，不得超过 5cm（以上部位描述均以倒挂垂直的屠宰方式为准）。

猪放血自动输送线轨道设计距车间的地坪高度不低于 3 400mm，在猪放血自动输送线上主要完成的工序：上挂、刺杀放血、沥血、猪体的清洗、去头等，沥血时间一般设计为 5min。

三、煺毛或剥皮

1. 浸烫刨毛

（1）*烫猪池浸烫*　将猪体通过卸猪器卸入烫猪池的接收台上，慢慢的把猪体滑入烫猪池内浸烫，浸烫的方式有人工翻烫和烫猪机摇烫，烫毛池的水温一般控制在 58 ~ 62℃，水温过高防止把猪体烫白，影响脱毛效果。浸烫时间：4 ~ 6min。在烫猪池的正上方设计“天窗”排出水蒸汽。

（2）*封闭运河式烫猪池浸烫*　将猪体由毛猪放血自动输送线通过下坡弯轨自动输送进入运河式烫猪池，在封闭的烫猪池内浸烫 4 ~ 6min，在输送浸烫过程中要设计压杆压住猪体，防止猪体上浮。浸烫好的毛猪由毛猪自动输送线通过上坡弯轨自动输送出来，这种烫猪池的保温效果好。

(3) 隧道式蒸汽烫毛系统　将猪体悬挂在毛猪放血自动输送线上进入隧道烫毛，这种烫毛方式大大降低了工人的劳动强度，提高了工作效率，实现毛猪烫毛的机械化操作，同时避免了猪体间交叉感染的弊端，使肉质更加卫生。这种烫毛方式是目前最先进、最理想的烫毛形式。

(4) 卧式刨毛　主要采用100型刨毛机、200型机械（液压）刨毛机、300型机械（液压）刨毛机，用捞耙把浸烫好的毛猪从烫猪池内捞出自动进入刨毛机内，通过大滚筒的翻滚和软刨爪的刮毛把猪体的猪毛刨净，然后进入修刮输送机或清水池内修刮。

(5) 螺旋自动刨毛　这种形式的刨毛和运河烫、隧道式蒸汽烫配套使用，浸烫好的毛猪从放血自动输送线上通过卸猪器卸下进入刨毛机内，通过软刨爪的刮毛和螺旋推进的方式将刨毛后的猪体从刨毛机的另一端推出来，进入修刮输送机上进行修刮。

2. 机械剥皮

毛猪在放血自动输送线上去头后，通过卸猪器卸下进入预剥输送机上，在预剥输送机上进行去前蹄、去后蹄和预剥皮等作业。

把预剥后的猪输送到剥皮工位，用剥皮机的夹皮装置夹住猪皮通过机械剥皮机的滚筒旋转将猪体的整张猪皮剥下，剥下的猪皮自动输送或用皮张车运输到皮张暂存间。

四、胴体加工

胴体加工包括胴体修割、封直肠、去生殖器、剖腹折胸骨、去白内脏、旋毛虫检验、预摘红内脏、去红内脏、劈半、检验、去板油等，都是在胴体自动加工输送线上完成的，胴体线的轨道设计距车间地坪的高度不底于2 400mm。

(1) 体表清洗或修割　刨毛或剥皮后的胴体用胴体提升机提升到胴体自动输送线的轨道上，刨毛猪需要燎毛、刷白清洗；剥皮猪需要修割。

(2) 开膛去内脏　沿腹部正中线切开猪的胸腹腔，取下白内脏（即肠、肚）和红内脏（即心、肝、肺）。把取出的白内脏放入白内脏检疫输送机的托盘内待检验。把取出的红内脏挂在红内脏同步检疫输送机的挂钩上待检验。

(3) 劈半　用带式劈半锯或桥式劈半锯沿猪的脊椎把猪平均分成两半，桥式劈半锯的正上方应安装立式加快机。小型屠宰厂劈半使用往复式劈半锯。

(4) 去蹄、尾　刨毛猪在胴体劈半后，去前蹄、去后蹄和猪尾，取下的猪蹄和尾用小车运输到加工间内处理。

(5) 摘猪肾脏和去板油　取下的肾脏和板油用小车运输到加工间内处理。

(6) 胴体修整　把剥皮猪胴体进行干修，刨毛猪胴体进行湿整，修整后的胴体进入轨道电子秤进行称重。根据称重的结果进行分级盖章。

五、宰后检验

(一) 宰后检验的程序要点

根据我国现有的工艺设备与技术条件，以及对屠畜的兽医卫生检验要求，在屠宰加工企业中，把屠畜宰后检验的各项程序和内容分别安插在流水作业的屠宰加工过程中，一般猪的宰后检验设置头部、皮肤、内脏、旋毛虫、胴体及复检6个检验点。

(1) 头部检验　一般设在放血之后入烫池之前剖检颌下淋

巴结，以查验猪炭疽病和结核病变。但现在有的屠宰加工厂已将此点设在屠猪放血和脱毛之后，这样既可减少污染，又能提高肉品的卫生质量。另外，在脱毛后还要剖检咬肌，以检查猪囊虫。

（2）皮肤检验　设在脱毛之后，开膛之前，检查皮肤的健康状况。对带皮猪直接进行观察和检验，对剥皮猪则对剥下的皮张施行检验。当发现有传染病可疑时，即刻打上记号，不行解体，由岔道转移到病猪检验点，进行全面的剖检与诊断。

（3）内脏检验点　设在开膛摘出内脏之后。根据生产实际，分为两步进行，即屠宰加工行业称之为“白下水”和“红下水”的2个检验点。

①“白下水”检验点：设在开膛摘出腹腔脏器之后，主要检验胃、肠、脾、胰及相应的淋巴结。

②“红下水”检验点：设在开膛摘出心、肝、肺之后，检验心、肝、肺及相应的淋巴结。

（4）旋毛虫检验点　开膛之后，取横膈膜肌脚部作检样，与胴体一致编号后送旋毛虫检验室检验。

（5）胴体检验点　设在胴体劈半之后。判定放血程度，检查病变。主要检验胴体各重点部位、各主要淋巴结以及腰肌和肾脏。

（6）复检点（终末检验点）　上述各检验点发现可疑病变或遇到疑难问题，送到此点作进一步详细检查，必要时辅以实验室检验。此外，还要对胴体进行复检，监督胴体质量评定，加盖检验印章。

在以上各环节的检验中，如单凭感官检验不能确诊，就必须进行细菌学或病理组织学等辅助检验，对恶性传染病更应如此。凡确定进行细菌学或病理组织学检验的头、内脏及其胴体，都必须打上特定的标记，以便实验室人员采取病料。

上述检验点并非一成不变，工作人员可根据本地疫情和消费者的食用习惯及对肉品品质的要求，在征得有关方面同意后，在不减少检验项目和内容的情况下做适当调整。

（二）宰后检验的处理

1. 宰后检验结果的登记

在宰后检验过程中，经常会发现具有各种各样病理变化的组织和器官。将典型病变组织和器官作为病理标本，是了解动物疫病流行情况、进行学术研究及教学的最好材料，也是宰前、宰后对照检验所必需的。总结和研究这些资料，对提高卫检人员的宰后检验水平，了解当地各种传染病、寄生虫病流行现状是十分重要的。因此，对宰后检验所发现的各种传染病、寄生虫病、病变组织和器官进行详细的登记，具有很大的实践意义。

登记工作应当坚持经常进行，并指定专人负责。登记的项目包括屠宰日期、胴体编号、屠畜种类、产地名称、畜主姓名、疾病名称、病变组织器官及病理变化、检验人员的结论（包括处理意见）。如此经过多年的积累，再来分析这些丰富的统计资料，就能够得出有关兽医卫生方面有价值的结论。这些结论，是提高兽医卫生检验技能，制定防疫措施和改善屠畜环境卫生的基础，应当作为档案长期保存备查。

当宰后检验发现某种危害严重的屠畜传染病或寄生虫病时，应及时通知屠畜产地的动物防疫监督机构，并根据传播情况和危害范围的大小，及早采取有效的兽医防治措施，必要时停止屠畜调运。

2. 宰后检验的处理

胴体和脏器经过兽医卫生检验后，根据鉴定的结果提出处理意见，盖检印和出具检验检疫证明。其原则是既要确保人体健康，又要尽量减少经济损失。处理方式通常有以下几种。

（1）适于食用　凡来自健康活畜屠宰的新鲜肉类，其品质良好，符合国家卫生标准，可不受任何限制新鲜出厂（场）。

（2）有条件的食用　凡患有一般性传染病、轻症寄生虫病和病理损伤的胴体和脏器，根据病理损伤的性质和程度，经过各种无害化处理后，使其传染性、毒性消失或寄生虫全部死亡者，可以有条件地食用。

（3）化制　凡患有严重传染病、寄生虫病、中毒和严重病理损伤的胴体和脏器，不能在无害处理后食用者，应进行化制。

（4）销毁　凡患有重要人畜共患病或危害性大的屠畜传染病的动物尸体、宰后胴体和脏器，必须在严格的监督下用焚烧、深埋、湿化（通过湿化机）等方法予以销毁。

六、副产品加工

合格的白内脏通过白内脏滑槽进入白内脏加工间，将肚和肠内的胃容物倒入风送罐内，充入压缩空气将胃容物通过风送管道输送到屠宰车间外约50m处，猪肚有洗猪肚机进行烫洗。将清洗后的肠、肚整理包装入冷藏库或保鲜库。

合格的红内脏通过红内脏滑槽进入红内脏加工间，将心、肝、肺清洗后，整理包装入冷藏库或保鲜库。

七、胴体冷却排酸

将修割、冲洗后的胴体进排酸间进行“排酸”，这是猪肉冷分割工艺的一重要环节。肉类排酸，也就是肉的后成熟。是指经过严格检疫的生猪屠宰后立即进入冷环境中，采用相关设备，使胴体在24h内冷却到0～4℃，使肉完成成熟过程（亦称排酸过程），然后进行分割、剔骨、包装，并始终在低温环境下进行加工、储藏、配送和销售，直到进入消费者的冷藏箱或厨房，使肉

温始终保持在 -2 ~4℃。

胴体冷却排酸要求生猪屠宰前后需经严格的检疫和检验，并于屠宰后 30min 内将其胴体送入预冷间预冷，在冷却条件下，完成肉的排酸过程。它的优点是：低温条件下冷却，酶的活性和大多数微生物的生长繁殖受到抑制，可以延长保存期限。冷却肉在冷却环境下表面形成一层干油膜，能够减少水分蒸发，阻止微生物的侵入和在肉的表面繁殖；肉质柔软、嫩化、口味改善，容易咀嚼和消化，吸收利用率高。

肉冷却的方法

目前国内外采取的冷却方法主要有一段冷却法、两段冷却法、超高速冷却法。

(1) 一段冷却法　在冷却过程中只有一种空气温度，0℃或略低。国内的冷却方法是，进肉前冷却库温度先降到 -3 ~ -1℃，肉进库后开动冷风机，使库温保持在 0 ~3℃，10h 后稳定在 0℃左右。开始时相对湿度为 95% ~98%，随着肉温下降和肉中水分蒸发强度的减弱，相对湿度降至 90% ~92%，空气流速为 0.5 ~1.5m/s。猪胴体约经 20h，后，大腿最厚部位中心温度达到 0 ~4℃。

(2) 两段冷却法　第一阶段，空气的温度相当低，冷却库温度多在 -15 ~ -10℃，空气流速为 1.5 ~3m/s，经 2 ~4h 后，肉表面温度降至 -2 ~0℃，大腿深部温度在 16 ~20℃。第二阶段，空气的温度升高，库温为 -2 ~0℃，空气流速在 0.5m/s，10 ~16h 后，胴体内外温度达到平衡，约 4℃。两段冷却法的优点是干耗小，周转快，质量好，切割时流汁少。缺点是易引起冷缩，影响肉的嫩度，但猪肉皮下脂肪较丰富，冷缩现象不如牛、羊肉严重。

(3) 超高速冷却法　库温在 -30℃，空气流速为 1m/s，或

库温在 -25 ~ -20℃，空气流速 5 ~8m/s，大约 4h 即可完成冷却。此法能缩短冷却时间，减少干耗，缩减传送带的长度和冷却面积。

排酸轨道设计距排酸间地坪高度不底于 2 400mm，轨道间距 800mm，排酸间每米轨道可挂 3 头猪的白条。

八、分割包装

将排酸后的胴体通过卸肉机从轨道上卸下来，用分段锯把每片猪肉分成 3 ~4 段，用输送机自动传送到分割人员的工位，再由分割人员分割成各个部位肉。

分割好的部位肉真空包装后，放入冷冻盘内用凉肉架车推到结冻库（-30℃）结冻或到成品冷却间（0 ~4℃）保鲜。

将结冻好的产品包装后装箱，进冷藏库（-18℃）贮存。

第四节　屠宰加工过程质量安全控制

一、待宰猪只安全检疫

(1) 入厂（场）验收

①活猪进屠宰厂的待宰圈在卸车前，应索取产地动物防疫监督机构开具的合格证明，并临车观察，未见异常，证货相符后准予卸车。

②卸车后，检疫人员必须逐头观察活猪的健康状况，按检查的结果进行分圈、编号，合格健康的生猪赶入待宰圈休息；可疑病猪赶入隔离圈，继续观察；病猪和伤残猪送急宰间处理。

③对检出的可疑病猪，经过饮水和充分休息后，恢复正常的可以赶入待宰圈；症状仍不见缓解的，送往急宰间处理。

④待宰的生猪送宰前应停食静养12～24h，以便消除运输途中的疲劳，恢复正常的生理状态，在静养期间检疫人员要定时观察。

(2) 住场查圈 入场验收合格的屠畜，在宰前饲养管理期间，检疫人员应经常深入圈（栏），对屠畜群进行静态、动态和饮食状态等的观察，以便及时发现漏检的或新发病的屠畜，做出相应的处理。

(3) 送宰检验 进入宰前饲养管理场的健康屠畜，经过2d左右的休息管理后，即可送去屠宰。为了最大限度地控制病畜，在送宰之前需要再进行详细的外貌检查，没发现病畜或可疑病畜时，可开具送宰证明。

二、屠宰用水安全控制

①生产用水应符合《生活饮用水卫生标准》（GB 5749—2006）。

②车间内需备有冷、热水龙头，以便洗刷消毒器械和去除油污。水龙头应采用感应式或脚踏式的，消毒用水温度不低于82℃。

③具备通畅完善的下水道系统，可以及时排出车间内废水，保持生产地面的清洁和防止产品污染。车间内废水首先排入收容坑，坑上盖有滤水的铁篦子，阻滞污物和碎肉块。一般每20～25m^2车间地面设置一个收容坑。车间最好以圆低浅沟排水，车间排水管道的出口处，应设置脂肪清除装置和沉淀池，以减少污水中的脂肪和其他有机物的含量。

所有的屠宰加工企业，都必须建有污水处理系统。屠宰加工企业的一切污水，都必须经污水处理系统净化处理并消毒后，方可排入公共下水道或河流。

三、屠宰工作人员安全控制

①与水接触较多的工人应穿不透水的衣裤，并配给护肤油膏。

②急宰间工作人员要配戴平光无色眼镜，配给乳胶手套、外罩及线手套。

③所有从业人员定期进行必要的预防注射和卫生护理。

四、屠宰加工过程安全控制

屠宰加工车间及其生产过程的卫生状况，对产品的卫生质量影响极大。除建筑设计时的卫生要求外，车间及生产过程还必须达到下列卫生要求。

①屠宰加工车间门口设与门等宽的消毒池，池内的消毒药液要经常保持其应有的药效，出入人员必须从中走过。

②车间有充足的自然光线或无色灯光线，冬季应配备除雾、除湿设备。

③车间地面、墙裙、设备、工具经常保持清洁，每天生产结束时，用热水洗刷。

④除紧急消毒外，每周用2%热碱水消毒一次，刀具污染后立即用82℃以上热水消毒。

⑤车间内设备和用具要坚固耐用，便于清洗消毒，

⑥烫池水在工作负荷量大时，4h更换一次，清水池的水保持流动。

⑦废弃品及时妥善处理，严禁喂猫、犬。

⑧禁止闲人进入车间。参观人员进入车间，须有专人带领并穿戴专用衣、帽、靴，不得随意触摸产品、用具和废弃物。

五、分割过程安全控制

分割车间是将胴体或光禽按部位分割、包装的场所。其建筑设计及管理应符合下列卫生要求。

①分割肉车间一端应紧靠屠宰车间，另一端应靠近冷库，这样可便于原料进入和产品及时冷冻。该车间内应设有分割肉预冷间、加工分割间、成品冷却间、包装间以及冻结间、成品冷藏间。还应设有工人更衣室、磨刀间、洗手间、下脚料储存发货间等。这些部位均应与其他车间隔离开，不能共同使用。

②分割肉车间的面积设计以日生产能力和肉冷却时所需面积为计算依据，还要考虑车间进行生产所要求的原料、成品、运输车辆和人员的进出通道，通道的位置和面积以便于操作、不交叉和不接触产品为原则，车辆通道宽度不少于1.5m。

③分割肉车间为封闭式建筑，其空间高度以不影响照明设施的有效使用和空调降温的效能为原则，一般不超过3m。

④分割肉车间的各种卫生设施应具有较高的卫生标准。所有墙壁均应用瓷砖贴面，地角、墙角、顶角必须设计成弧形或内圆角，门、窗均采用防锈、防腐材料制成。操作台、工作椅、冷冻箱应用不锈钢制成。要有空调设备，室温以10～15℃为宜，并有冷、热水洗手装置，最好为感应式或脚踏式洗手设备。一般按20个工人设置一个消毒器，消毒器的水温应达82℃以上。室内应该有良好的照明设备，日光灯应有防护罩，可以防止灯管破裂后玻璃碎屑落入食品中。

⑤操作人员进入车间必须穿戴工作衣帽和手套，工作衣帽必须每天换洗和消毒。每天工作前和结束后都应搞好用具、操作台面的卫生，并定期进行消毒。

六、包装及贮存运输过程安全控制

包装肉品应使用无毒、清洁的包装材料。

贮存、运输和装卸肉品的容器、工具和设备应当安全、无害，保持清洁，防止食品污染，并符合保证食品安全所需的温度等特殊要求，不得将肉品与有毒、有害、有异味物品一同运输、同库贮存。

从业人员的健康状态和卫生习惯对食品卫生也至关重要。正常人的体表、呼吸道、消化道、泌尿生殖道均带染一定类群和数量的微生物，尤其是当从业人员患有传染性肝炎、开放性结核病、肠道传染病、化脓性皮炎等疾病时，可向体外不断排出病原体。可以通过加工、运输、贮藏、销售、烹调等环节将病原体带入食品，进而危害消费者的健康，因此，对肉品加工、贮存、运输及经营环节的从业人员，应定期进行健康检查，并搞好个人卫生。

七、生猪定点屠宰场质量安全制度

1. 肉品质量安全追溯制度

①认真做好宰前检疫检验工作，对入厂猪只严格执行索票索证制度。

②严格按照屠宰操作规程和屠宰产品品质检验规程的规定进行生产和检验，对屠宰加工过程进行质量控制。

③按照《病害动物和病害动物产品生物安全处理规程》（GB 16548—2006）的规定进行无害化处理，对屠宰加工过程进行肉品安全控制。

④严格执行屠宰销售台账管理制度，对屠宰肉品销售过程进行控制。

⑤加强内部管理，落实岗位责任制，建立从猪只进厂、屠宰加工到销售全过程的肉品质量安全控制、可追溯的资料台账记录体系。

⑥承担屠宰企业信息化管理和肉品可追溯体系所需相关信息的报送责任。

2. 肉品出厂检验制度

①宰后检验由屠宰厂肉品品质检验人员负责。肉品品质检验记录登记当日宰杀头数、检验部位、检验合格头数。

②对检疫检验不合格的肉品，肉品品质检验人员要监督屠宰场或货主按照相关规定进行无害化处理，严禁出场上市。

③出厂的肉品必须做到证章齐全，方可出厂。

3. 不合格肉品召回制度

①严格按照《食品安全法》及相关规定，对检验中发现不合格肉品，坚决制止出场上市并监督其按照国家有关规定进行无害化处理。

②检验合格的肉品加盖肉品品质检验合格印章，出具肉品品质检验合格证明。

③实行不合格肉品召回制度，召回的肉品按规定进行无害化处理。

④对不合格肉品的受害者，按有关规定妥善处理。

⑤对召回的肉品进行化验，分析原因并追究相关责任人的责任。

4. 病害肉无害化处理制度

①屠宰厂内要配置焚烧间和符合技术要求的焚烧炉。

②屠宰厂附近要有当地政府文件明确指定的掩埋地点或者与当地村民（土地所有人）签订掩埋地块的使用协议。

③屠宰厂内实施集中焚烧、掩埋的，屠宰厂要配备专用车

辆、包装容器及相关的消毒设施，并建立严格的管理制度。

④屠宰厂要确定无害化处理工作的责任人、操作人、监督人，在制度上明确整套工作的处理程序和要求，建立专门的无害化处理工作台账，并且在台账上反映处理的日期、数量、品种及工作人员的姓名，相关责任人都必须按要求在无害化处理单上签字。

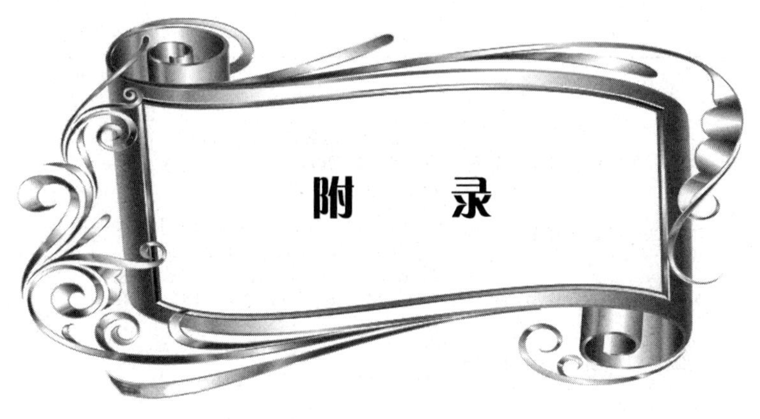

附　录

一、常用兽药的使用准则

类别	兽药名称	制剂	用法与用量	休药期（天，d）
抗寄生虫药	阿苯哒唑	片剂	内服，一次量，每千克体重5～10mg	
	芬苯哒唑	片剂	内服，一次量，每千克体重5～7.5mg	
	奥芬哒唑	片剂	内服，一次量，每千克体重4mg	
	盐酸左咪唑	片剂	内服，一次量，每千克体重7.5mg	3
	盐酸左咪唑	注射液	皮下、肌内注射，一次量，每千克体重7.5mg	28
	吡喹酮	片剂	内服，一次量，每千克体重10～35mg	
	伊维菌素	注射液	皮下注射，一次量，每千克体重0.3mg	18
	伊维菌素	预混剂	混饲，每1 000kg饲料300g，连用7d	5
	敌百虫	片剂	内服，一次量，每千克体重80～100mg	7
	敌百虫	溶液剂	配成浓度1%～3%的溶液体表局部涂擦，0.1%～0.5%的溶液药浴或喷淋	

（续表）

类别	兽药名称	制剂	用法与用量	休药期（天，d）
抗菌药	氨苄西林钠	注射用粉针	肌内注射、静脉注射，一次量，每千克体重10～20mg，一日2～3次，连用2～3d	
	苄星青霉素	注射用粉针	肌内注射，一次量，每千克体重3万～4万IU，一日2～3次，连用2～3d	
	青霉素钠（钾）	注射用粉针	肌内注射，一次量，每千克体重2万～3万IU，一日2～3次，连用2～3d	
	苯唑西林钠	注射用粉针	肌内注射，一次量，每千克体重3～5mg，一日2～3次，连用2～3d	
	头孢噻呋钠	注射用粉针	肌内注射，一次量，每千克体重10～15mg，一日1次，连用2～3d	
	硫酸头孢喹诺	混悬剂	肌内注射，一次量，每千克体重2mg，一日一次，连用2～3d	
	硫酸链霉素	注射用粉针	肌内注射，一次量，每千克体重10～15mg，一日2次，连用2～3d	
	硫酸庆大霉素	注射液	肌内注射，一次量，每千克体重2～4mg，一日2次，连用2～3d	40
	硫酸庆大～小诺霉素	注射液	肌内注射，一次量，每千克体重1～2mg，一日2次，连用2～3d	
	硫酸安普霉素	注射液	皮下、肌内注射，一次量，每千克体重5～7mg，一日2次，连用2～3d	15
	硫酸安普霉素	预混剂	混饲，每1 000kg饲料加入80～100g，连用7d	21
	硫酸安普霉素	可溶性粉	混饮，每升水，每千克体重12mg，连用7d	21
	硫酸卡那霉素	注射用粉针	肌内注射，一次量，每千克体重10～15mg，一日2次，连用2～3d	
	硫酸新霉素	预混剂	混饲，每1 000kg饲料中加80～150g，连用3～5d	3
	硫酸粘杆菌素	可溶性粉	混饮，每升水中加40～200mg，连用3～5d	7
	硫酸粘杆菌素	预混剂	混饲，每1 000kg饲料中加2～20g，连用7d	7

（续表）

类别	兽药名称	制剂	用法与用量	休药期（天，d）
抗菌药	杆菌钛锌	预混剂	混饲，每1 000kg饲料，4月龄以下加4～10g，连用7d	
	乳糖酸红霉素	注射用粉针	静脉注射，一次量，每千克体重3～5mg，一日2次，连用2～3d	
	替米考星	注射液	皮下注射，一次量，每千克体重10～20mg，一日1次，连用2～3d	7
	替米考星	预混剂	混饲，每1 000kg饲料中加200～400g，连用15d	14
	泰乐菌素	注射液	肌内注射，一次量，每千克体重5～13mg，一日2次，连用7d	14
	泰乐菌素	预混剂	混饲，每1 000kg饲料中加10～100g，连用7d	5
	土拉霉素	注射液	多点肌内注射，每一注射点不可超过2ml，一次量，每千克体重2.5mg，一日1次，连用2～3d	5
	盐酸多西环素	片剂	内服，一次量，每千克体重3～5mg，一日一次，连用3～5d	
	土霉素	片剂	口服，一次量，每千克体重10～25mg，一日2～3次，连用3～5d	5
	长效土霉素	注射液	肌内注射，一次量，每千克体重10～20mg，一日1次，连用2～3d	28
	盐酸四环素	注射用粉针	静脉注射，一次量，每千克体重5～10mg，一日2次，连用2～3d	
	氟苯尼考	注射液	肌内注射，一次量，每千克体重20mg，每隔48h1次，连用2次	30
	氟苯尼考	粉剂	内服，每千克体重20～30mg，一日2次，连用3～5d	30
	甲砜霉素	片剂	内服，一次量，每千克体重5～10mg，一日2次，连用2～3d	
	延胡索酸泰妙菌素	可溶性粉	混饮，每升水中加45～60mg，连用5d	7
	延胡索酸泰妙菌素	预混剂	混饲，每1 000kg饲料加40～100g，连用5～10d	5

（续表）

类别	兽药名称	制剂	用法与用量	休药期（天，d）
抗菌药	沃尼妙林	预混剂	混饲，每 1 000kg 饲料中加 25～200g，连用 15～20d	1
	氟甲喹	可溶性粉	内服，一次，每千克体重 5～10mg，首次量加倍，一日 2 次，连用 3～4d	
	恩诺沙星	注射液	肌内注射，一次量，每千克体重 2～3mg，一日 2 次，连用 2～3d	10
	甲磺酸达氟沙星	注射液	肌内注射，一次量，每千克体重 1.5～2.5mg，一日 1 次，连用 3d	25
	盐酸二氟沙星	注射液	肌内注射，一次量，每千克体重 5mg，一日 2 次，连用 2～3d	45
	盐酸沙拉沙星	注射液	肌内注射，一次量，每千克体重 2～5mg，一日 2 次，连用 3～5d	
	环丙沙星	注射液	肌内注射，一次量，每千克体重 2～5mg，一日 2 次，连用 2～3d	
	麻保沙星	注射液	肌内注射、静脉注射，一次量，每千克体重 2～3mg，一日 1 次，连用 3～5d	
	喹乙醇	预混剂	混饲，每 1 000kg 饲料中加 50～100g，体重超过 35 千克的禁用	35
	乙酰甲喹	片剂	内服，一次量，每千克体重 5～10mg，一日 2 次，连用 3d	
	喹烯酮	预混剂	混饲，每 1 000kg 饲料添加 50～75g	
	磺胺嘧啶	注射液	肌内注射、静脉注射，一次量，每千克体重 0.05～0.1g，一日 1～2 次，连用 2～3d	
	磺胺嘧啶	片剂	内服，一次量，首次量每千克体重 0.15～0.2g，维持量每千克体重 0.07～0.1g，一日 2 次，连用 3～5d	
	复方磺胺嘧啶钠注射液	注射液	肌内注射，一次量，每千克体重20～30mg，一日 1～2 次，连用 2～3d	
	复方磺胺嘧啶	预混剂	混饲，每千克体重 15～30mg，连用 5d	5
	磺胺二甲嘧啶	注射液	静脉注射，一次量，50～100g，一日 1～2 次，连用 2～3d	7

（续表）

类别	兽药名称	制剂	用法与用量	休药期（天，d）
抗菌药	复方新诺明	片剂	内服，一次量，每千克体重20～25mg，一日2次，连用3～5d	
	磺胺对甲氧嘧啶	片剂	内服，首次量每千克体重50～100mg，维持量25～50mg/kg体重，一日2次，连用2～3d	
	磺胺对甲氧嘧啶钠注射液	注射液	肌内注射，一次量，每千克体重15～20mg，一日1～2次，连用2～3d	
	磺胺间甲氧嘧啶钠	注射液	静脉注射，一次量，每千克体重50mg，一日1～2次，连用2～3d	
	复方磺胺氯哒嗪钠	粉剂	内服，一次量，每千克体重20mg，连用5～10d	

二、生猪饲养过程中禁用的兽药及其他化合物

农业部第193号公告中规定了21类食品动物（包括生猪）禁用的兽药及其他化合物清单，农业部560号公告又规定了一些禁止使用的药物，这些禁用药物主要可分为以下几类。

①β－兴奋剂类：克伦特罗（瘦肉精）、沙丁胺醇、莱克多巴胺、西马特罗、盐酸多巴胺、特布他林及其盐、酯制剂。

②性激素类：己烯雌酚及其盐、酯及制剂。

③具有雌激素作用的物质：玉米赤霉醇、玉米赤霉酮、去甲雄三烯醇酮、醋酸甲孕酮及制剂。

④氯霉素、琥珀氯霉素及其盐、酯制剂。

⑤氨苯砜及制剂。

⑥硝基呋喃类：呋喃唑酮、呋喃它酮、呋喃西林、呋喃妥因、呋喃苯烯酸钠、硝呋烯腙及制剂。

⑦硝基化合物：硝基酚钠、替硝唑、洛硝哒唑及其盐、酯

制剂。

⑧催眠镇静类，安眠酮及制剂。

⑨林丹（丙体六六六）杀虫剂。

⑩毒杀芬（氯化烯）杀虫剂、清塘剂。

⑪呋喃丹（克百威）杀虫剂。

⑫杀虫脒（克死螨）杀虫剂。

⑬双甲脒杀虫剂。

⑭酒石酸锑钾杀虫剂。

⑮锥虫胂胺杀虫剂。

⑯孔雀石绿抗菌、杀虫剂。

⑰五氯酚酰钠杀螺剂。

⑱各种汞制剂包括氯化亚汞（甘汞）、硝酸亚汞、醋酸汞、吡啶基醋酸汞等。

⑲性激素类甲基睾丸酮、丙酸睾酮、苯丙酸诺龙、苯甲酸雌二醇及其盐、酯及制剂。

⑳催眠镇静类氯丙嗪、地洋泮（安定）及其盐、酯及制剂。

㉑硝基咪唑类地美硝唑及其盐、酯及制剂。

㉒喹啉类卡巴氧及其盐、酯制剂。

㉓抗生素类万古霉素及其盐、酯制剂。

另外，农业部、卫生部、国家药品食品监督管理局第176号公告公布了禁止在饲料和饮水中使用的40种药品和物质，主要有：肾上腺素受体激动剂（盐酸克仑特罗、沙丁胺醇、硫酸沙丁胺醇、莱克多巴胺、盐酸多巴胺、西巴特罗、硫酸特布他林）、性激素（己烯雌酚、雌二醇、戊酸雌二醇、苯甲酸雌二醇、氯烯雌醚、炔诺醇、炔诺醚、醋酸氯地孕酮、左炔诺孕酮、炔诺酮、绒毛膜促性腺激素、促卵泡生长激素）、蛋白同化激素（碘化酪蛋白、苯丙酸诺龙及苯丙酸诺龙注射液）、精神药品

(氯丙嗪、盐酸异丙嗪、安定、苯巴比妥、苯巴比妥钠、巴比妥、异戊巴比妥、异戊巴比妥钠、利血平、艾司唑仑、甲丙氨脂、咪达唑仑、硝西泮、奥沙西泮、匹莫林、三唑仑、唑吡旦、其他国家管制的精神药品)、各种抗生素滤渣。

参考文献

[1] 中华人民共和国国家标准. 2005. 食品中污染物限量（GB 2762—2005）. 北京：中国标准出版社.

[2] 中华人民共和国国家标准. 2001. 农产品安全质量无公害畜禽肉安全要求（GB 18406. 3—2001）. 北京：中国标准出版社.

[3] 中华人民共和国国家标准. 2006. 畜禽病害肉尸及其产品无害化处理规程（GB 16548—2006）. 北京：中国标准出版社.

[4] 中华人民共和国国家标准. 2005. 食品农药最大残留限量（GB 2763—2005）. 北京：中国标准出版社.

[5] 中华人民共和国国家标准. 2001. 农产品安全质量　无公害畜禽肉安全要求（GB 18406. 3—2001）. 北京：中国标准出版社.

[6] 中华人民共和国国家标准. 2008. 畜类屠宰加工通用技术条件（GB/T 17237—2008）. 北京：中国标准出版社.

[7] 中华人民共和国国家环境保护标准. 屠宰与肉类加工废水治理工程技术规范（HJ 2004—2010）.

[8] 中华人民共和国国家标准. 2008. 分割鲜冻猪瘦肉（GB/T 9959.2—2008）. 北京：中国标准出版社.

[9] 中华人民共和国国家标准. 1992. 肉类加工工业水污染排放标准（GB13457—92）. 北京：中国标准出版社.

[10] 中华人民共和国国家标准. 2005. 鲜（冻）畜肉卫生标准（GB2707—2005）. 北京：中国标准出版社.

[11] 唐雪燕，张永生. 2010. HACCP 体系在冷却分割猪肉生产中的应用. 肉类工业，355（11）：47 ~ 50.

[12] 余宝美. 2013. 安全放心猪肉生产现状及对策. 中国动物检疫，30（2）：33 ~ 34.

[13] 金俭，舒会友，林兆京. 2004. 安全卫生优质猪肉生产技术. 畜禽业，174（10）：60 ~ 61.

[14] 田允波，葛长荣，高士争. 2005. 安全优质猪肉标准. 佛山科学技术学院学报（自然科学版），23（1）：58 ~ 61.

[15] 蹇慧，凡强胜，刘力. 2006. 生态养猪模式中无公害猪肉的重金属污染与控制. 动物医学进展，27（6）：107 ~ 110.

[16] 刘梅，史挺. 2008. 优质猪肉的生产技术探析. 饲养饲料，7：51 ~ 53.

[17] 王林云. 2001. 优质猪肉生产和地方猪种利用. 畜牧与兽医，133（15）：18.

[18] 冯永辉. 2006. 我国生猪养殖区域布局变化趋势. 畜牧市场，3，3：32 ~ 34.

[19] 张宁，廖国荣，杨展志. 2009. 适度规模标准化猪场设计建设要点. 畜禽业，（5）：57 ~ 59.

[20] 尹有才. 2013. 猪的人工授精技术，湖南农业，（3）：37 ~ 38.

[21] 蒋锦华，郑惠荣. 2013. 猪的人工授精技术及改进意见调

查. 浙江畜牧兽医，(6)：19～20.

[22] 李英杰. 2011. 育肥猪的饲养管理. 中国畜禽种业，(4)：83～84.

[23] 刘丹，陈峰，朱德阳. 2011. 哺乳仔猪的饲养管理. 现代畜牧兽医，(6)：19～20.

[24] 代军，郝中香，陈一恋，等. 2012. 仔猪的饲养管理. 中国畜牧兽医文摘，28（6）：69.

[25] 谢敏. 2013. 哺乳仔猪的饲养管理技术要点，中国畜牧兽医文摘，29（11）：60～61.

[26] 曲万文，徐锡. 2011. 良种猪的饲养管理技术. 中国动物保健，(27)：33～34.

[27] 李同舟，臧素敏. 2008. 猪饲料手册（第2版）. 北京：中国农业大学出版社.

[28] 赵月兰，王雪敏. 2012. 新编动物性食品卫生学. 北京：中国农业科技出版社.

[29] 朱建军，黄薇，曾雄. 2011. 病死猪的无害化处理方法. 畜禽业，(07)，28～29.

[30] 雷胜辉，游丕荣. 2013. 规模化猪场饮水管理与质量控制. 今日养猪业，(3)：36～38.

[31] 吴娟. 2013. 我国畜产品安全现状分析及制度建设（硕士学位论文）. 合肥：安徽农业大学. 2～5.

[32] 彭玉珊. 2012. 优质猪肉供应链中养殖与屠宰加工环节的质量安全行为协调机制研究（博士学位论文）. 泰安. 山东农业大学.